ROBOTS INDUSTRIALES

INNOVANT PUBLISHING
SC Trade Center: Av. de Les Corts Catalanes 5-7
08174, Sant Cugat del Vallès, Barcelona, España
© 2021, Innovant Publishing
© 2021, Trialtea USA, L.C.

Director general: Xavier Ferreres
Director editorial: Pablo Montañez
Coordinación editorial: Adriana Narváez
Producción: Xavier Clos
Diseño de maqueta: Oriol Figueras
Maquetación: Mariana Valladares
Asesoramiento técnico: Ing. Jorge Bauer
Redacción: Martín Ungaro
Edición: Mónica Deleis
Corrección: Martín Vittón
Ilustración: Roberto Risorti (págs. 7 y 93)
Créditos fotográficos: "3D rendering robotic arms with empty conveyor belt"
(©Shutterstock), "Welding arm on automobile production line" (©Shutterstock),
"James Watt" (©Shutterstock), "Watt steam engine vintage engraved"
(©Shutterstock), "Tiempos modernos" (©Album, Universal Images Group,
Universal History Archive), "Model Ford beautiful condition isolated on"
(©Shutterstock), "Tablet capsule counting machine conveyor production"
(©Shutterstock), "Multi exposure table computer world map" (©Shutterstock),
"Building Nasa, Kennedy Space Centre, Florida, USA" (©Shutterstock), "Car
production line body frame hanging" (©Shutterstock), "Everett, Wa, USA,
January 30 2015" (©Shutterstock), "Mlada Boleslav, Czech Republic, April
16" (©Shutterstock), "Logistics transportation container cargo ship plane"
(©Shutterstock), "Automated hospital pharmacy system capable dispensing"
(©Shutterstock), "France, April 16, 2018, Bill Gates at the Elysee Palace"
(©Shutterstock), "London UK January 25th 2018 Homepage" (©Shutterstock),
"Robotic advisor service technology healthcare smart" (©Shutterstock), "Robotics
Trends technology business concept autonomous" (©Shutterstock), "Medical
robot on background computer tomograph" (©Shutterstock), "Asian young
student casual suit doing" (©Shutterstock), "Processing plant Galaxy Lithium
Mine, Ravensthorpe" (©Shutterstock), "Engineer hand using tablet machine real"
(©Shutterstock), "Hand businessman shaking hands droid robot" (©Shutterstock),
"Engineer check control welding robotics automatic" (©Shutterstock), "Industry
4.0 concept man hand holding" (©Shutterstock), "Engineering students working
lab student using" (©Shutterstock), "Businessman on blurred background using
digital" (©Shutterstock), "Roro Cargo ships berthed on pier" (©Shutterstock),
"Big Data stream futuristic infographic quantum" (©Shutterstock), "Autonomous
car concept driverless vehicle" (©Shutterstock), "Blade Runner" (©Ladd
Company, Warner Bros, Album), "Isaac Asimov" (©Mondadori Portfolio,
Album), "Manager engineer check control automation robot" (©Shutterstock),
"Nano robot 3D render" (©Shutterstock), "Electric voltage control room plant"
(©Shutterstock), "Wolfsburg Germany 0408 Volkswagen Factory" (©Shutterstock),
"Two white 18 wheelers on highway" (©Shutterstock), "Front view of a elevator
with steel door in lobby" (©Shutterstock), "Male female industrial engineers hard
hats" (©Shutterstock), "Moscow September 2 Honda humanoid robot ASIMO"
(©Shutterstock), "Trabajadores de Heinz" (©dailyherald.com), "Henn-na Hotel
Laguna Tenboschthis robot" (©Shutterstock)

ISBN: 978-1-68165-878-0
Library of Congress: 2021933741

Impreso en Estados Unidos de América
Printed in the United States

ÍNDICE

INTRODUCCIÓN

*B*lade *Runner* (1982), la película de Ridley Scott (1937) basada en una novela de Philip K. Dick (1928-1982), presentaba un mundo futurista donde robots-androides llamados replicantes eran usados para realizar trabajos peligrosos o directamente como esclavos de los seres humanos, hasta que un grupo de máquinas se rebeló y escapó del sistema. Esa historia, ambientada en noviembre de 2019, parecía una fantasía cuando se estrenó. Sin embargo, el avance de la ciencia y la tecnología, mucho más veloz que el de la literatura y el cine, convirtió en realidad durante la segunda década del siglo xxi uno de los postulados del filme: los robots ya reemplazaron a los operarios humanos en trabajos peligrosos y en tareas que requieren mayor precisión y celeridad. Cientos de industrias como la automotriz, la minera, la siderúrgica y la petrolera automatizaron su manufacturación, con el consiguiente aumento de la productividad y una disminución de los riesgos laborales.

Esa situación trajo aparejados varios beneficios económicos –por ejemplo, la baja de costos– pero también problemas sociales como la escasez de puestos en la industria y el aumento del desempleo en las ciudades. Las empresas sustituyeron con máquinas a los trabajadores menos cualificados y, al mismo tiempo, contrataron a ingenieros altamente calificados para programar, desarrollar y reparar a las nuevas *vedettes* de la producción: los mecanismos electromecánicos. Países con una tasa de envejecimiento elevada, como Japón, apostaron fuertemente a los robots para, en un futuro próximo, superar la falta de obreros y cuidar a las personas mayores, que representaban más del 20% de su población. Las industrias que, por sus características, ponían en peligro la salud de sus trabajadores, como las acerías, instalaron brazos robóticos para medir la temperatura de los materiales derretidos o para agregar elementos químicos. En los países desarrollados, la minería extractiva es realizada por máquinas que identifican con técnicas láser el metal y lo extraen, sin necesidad de picadores de piedras. A su vez, las universidades incluyeron carreras como la Ingeniería en Automatización Industrial y en Ciencias de la Computación porque estas tienen una demanda creciente.

Este panorama se enfrenta con una legislación caduca y problemas éticos, por lo cual el Parlamento de la Unión Europea analiza desde 2019 un proyecto que regulará, de ser aprobado, la utilización de robots en vehículos y aviones sin conductor. El escritor Dick y el cineasta Scott eran, en 1982, dos autores de ciencia ficción. Habrá que ver si en un futuro las máquinas autónomas se sublevan, como en *Blade Runner*, para que podamos considerarlos pioneros de la tecnología.

EN EL PRINCIPIO FUERON LOS SERES HUMANOS

El camino a la Revolución Industrial

Durante miles de años, los seres humanos inventaron mecanismos para ayudarse en sus labores más pesadas. La palanca, la rueda y el trineo fueron los primeros hitos en la prehistoria de la fabricación. En el siglo XVIII, durante la Primera Revolución Industrial, se produjo un salto cualitativo y desde entonces el desarrollo ha sido exponencial.

DE LA PALANCA A LA PRIMERA REVOLUCIÓN INDUSTRIAL

A diferencia de otros avances tecnológicos que se expandieron entre la población mundial en un tiempo relativamente corto, la automatización industrial debió recorrer un largo camino de desarrollo paulatino hasta alcanzar su apogeo en el siglo XXI, con las gigafactorías robotizadas.

Desde hace más de 10.000 años, los seres humanos han creado artilugios y dispositivos con el objetivo de aliviar ciertas tareas que requieren su propia fuerza y acelerar los tiempos de manufacturación. En el año 8000 a.C., los sumerios ya utilizaban una combinación de palancas, rodillos y trineos para transportar bloques de piedra con los que construían sus ciudades. En 3500 a.C., los antiguos egipcios fabricaron el primer prototipo de rueda, lo que generó una transformación decisiva en el transporte: Europa y Asia Occidental comenzaron a usar el carro tirado por bestias antes de que finalizara esa centuria.

Sin embargo, fue recién en el siglo XVIII, con la Primera Revolución Industrial (1760-1840), que los seres humanos dieron un gran salto cualitativo en el proceso tecnológico a partir de la invención de la máquina de vapor, el teléfono, la bujía de luz y el telar mecánico, entre otras creaciones. En ese período se vivió el mayor conjunto de transformaciones económicas, políticas y sociales de la historia. La producción rural, basada en la agricultura y la ganadería, dejó paso a la producción urbana mediante la instalación de fábricas.

LA PAULATINA SISTEMATIZACIÓN DEL TRABAJO

Esa Primera Revolución Industrial, que se inició en el rubro textil de Inglaterra y se extendió rápidamente a Europa Occidental, provocó el reemplazo progresivo de la mano de obra manual y de la tracción animal. Seres humanos y bestias fueron sustituidos por los tatarabuelos de los robots inteligentes que conocimos a fines

Los sumerios
emplearon rodillos
y trineos para
transportar piedras.
Los egipcios
inventaron el primer
prototipo de rueda
y fomentaron una
revolución en el
transporte.

13

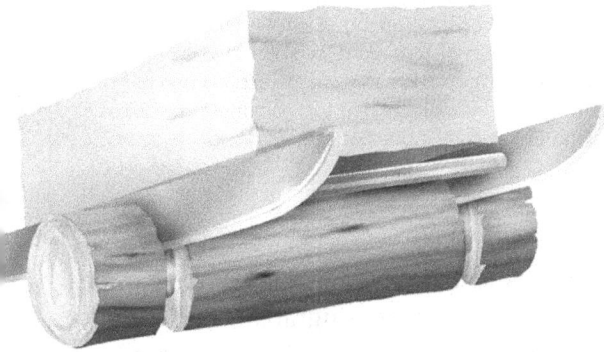

del siglo xx. Las máquinas de vapor fueron revolucionadas por el llamado «Regulador de Watt», inventado y patentada en 1769 por el ingeniero mecánico escocés James Watt (1736-1819). Ese mecanismo que se les agregó a las anteriores máquinas rudimentarias significó un aumento espectacular de la productividad.

En las décadas posteriores, con el desarrollo de la electricidad y los motores de vapor por combustión de carbón, la expansión del comercio, de la minería y del transporte público fue incontenible: en 1830, el gobierno inglés inauguró la primera línea ferroviaria del mundo, entre la ciudad industrial de Manchester y la portuaria de Liverpool, en Inglaterra.

La paulatina mecanización del empleo a fines del siglo xviii y, sobre todo, en el siglo xix generó consecuencias políticas imprevistas, como la aparición de una nueva clase social, el proletariado,

EL INVENTO DE WATT

El regulador de Watt, que automatizó el control de la máquina de vapor, era un motor de combustión externa que transformaba la energía térmica del agua en energía mecánica. En principio, se generaba vapor por el calentamiento del agua en una caldera cerrada, lo cual producía una expansión del volumen. Esa expansión empujaba un pistón ubicado dentro de un cilindro. Luego, a través de un mecanismo de biela-manivela, se generaba un movimiento rotativo de ida y vuelta, como el de las palancas que dan marcha a una locomotora. El vapor se regulaba mediante válvulas de entrada y salida, hacia y desde el cilindro. El motor se utilizó por primera vez durante la Revolución Industrial para mover máquinas y aparatos tan diversos como trenes, barcos, bombas para extracción de agua y telares mecánicos.

integrado por los flamantes trabajadores fabriles y los campesinos que abandonaban la zona rural y emigraban a las ciudades en busca de una vida mejor con un salario. También ganó protagonismo la clase poseedora de los medios de la producción y del capital de inversión industrial, la burguesía, a expensas de la nobleza terrateniente. El paso siguiente fue el nacimiento del sindicalismo, con la demanda de mejoras en las condiciones laborales de las clases trabajadoras, mientras la burguesía le exigía a la nobleza intervenir en la marcha de los gobiernos nacionales. La democracia moderna daba de este modo sus primeros pasos.

El proceso de automatización tuvo un nuevo hito a principios del siglo xx: el automóvil llamado Ford T, presentado en 1908, fue el primer vehículo de producción en serie realizado completamente en una línea de montaje. Se consolidaba así la Segunda Revolución Industrial (1870-1914), que se inició con la utilización de nuevas fuentes de energía de gran potencia como la electricidad y el petróleo; nuevos materiales, como el acero, aleaciones de

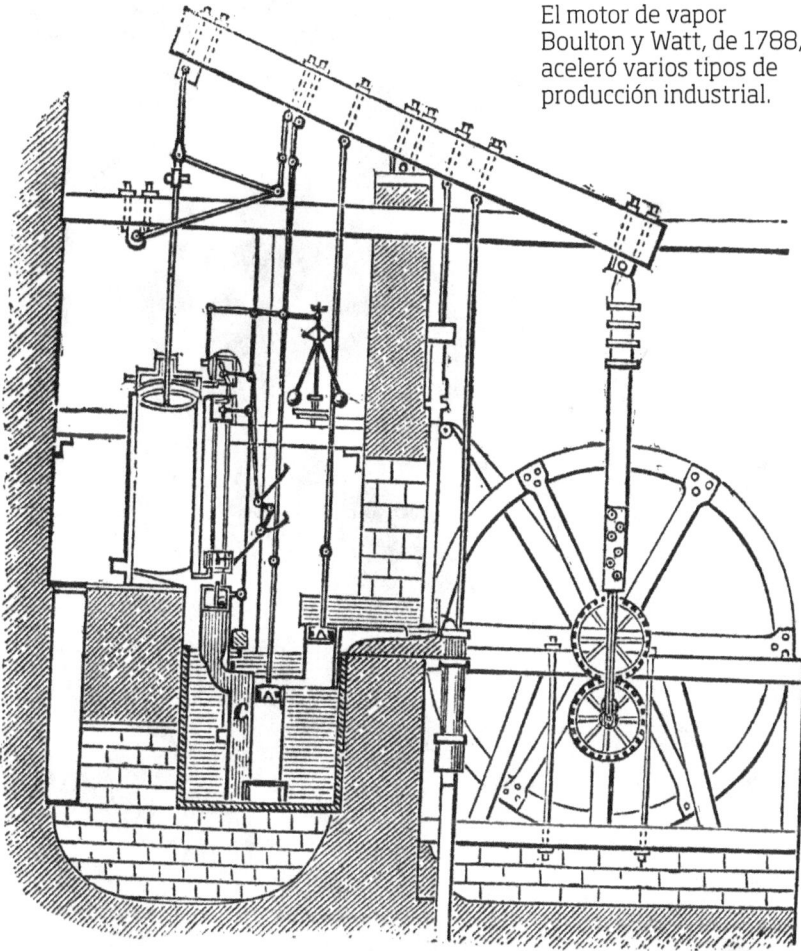

El motor de vapor
Boulton y Watt, de 1788,
aceleró varios tipos de
producción industrial.

15

metales, productos químicos y cemento artificial; y nuevas industrias como la petroquímica, la electromecánica y la electroquímica.

Aunque nunca hayan trabajado en una fábrica, la mayoría de
las personas tienen una idea somera de qué es una cadena de
montaje industrial. La escena del obrero metalúrgico que aprieta
tuercas a un ritmo frenético en el filme *Tiempos modernos* (1936) es
una muestra elocuente del trabajo en serie. La película de Charles
Chaplin (1889-1977) apuntaba a criticar la vida social a inicios del
siglo XX en Estados Unidos, donde muchos trabajadores padecían
problemas psicológicos a raíz del estrés y el cansancio físico a los
que eran sometidos en las factorías.

Tiempos modernos mostró en clave de comedia cómo eran las primeras cadenas de montaje.

EL MÍTICO FORD T

La producción en serie o producción en cadena de montaje es una forma de automatización organizada que delega a cada operario una función específica, como apretar una tuerca o colocar una pieza. La primera línea fue construida en Michigan en 1901 por Ransom Olds (1864-1950), pionero de la industria automovilística de Estados Unidos, para el coche Oldsmobile. Pero el sistema se popularizó cuando el inventor Henry Ford (1863-1947) desarrolló en Detroit una cadena de producción superior a la de Olds y masificó el vehículo de bajo costo Ford T, primero en ese país y luego en todo el mundo. El T fue el primer vehículo pensado para las clases medias, y hasta fines de la década de 1920 fue el más vendido.

El legendario Ford T fue el primer coche
producido en una cadena de montaje.

¿QUÉ ES LA AUTOMATIZACIÓN INDUSTRIAL?

La imagen de Chaplin con un ataque de nervios por su labor monótona en una línea de montaje quedó pronto en la historia del cine en blanco y negro. Ya las primeras máquinas del siglo xix sustituyeron las tareas más esforzadas de los seres humanos, como levantar objetos con poleas, cadenas y grúas. Además, los mecanismos inventados cumplieron el desafío de reemplazar la energía animal con energías renovables como el viento y el flujo de agua, y finalmente se hicieron cargo en el siguiente siglo de trabajos repetitivos. Estos artilugios eran controlados por mecanismos similares a los de relojería, hasta que un nuevo hito trastocó la automatización industrial: la Revolución Digital.

El cambio rotundo que significó que las computadoras pasaran de un sistema electrónico analógico, que emitía señales lentas que variaban suave y continuamente, a un sistema electrónico digital dio inicio en la década de 1950 a lo que llamamos Revolución Digital o, según los historiadores, Tercera Revolución Industrial, un concepto controversial en el que difieren los historiadores y los científicos. Para estos últimos la Tercera Revolución se inició con la miniaturización de conexiones electrónicas integradas, la ampliación de técnicas de comunicación y el comienzo de la automatización. En tanto, la Cuarta empezó en la década de 1970 con la imposición masiva de las computadoras y el progreso del software. Lo cierto es que el desarrollo de la computación permitió que las industrias aplicaran diferentes tecnologías para la fabricación de productos y controlaran los procesos mediante otros artilugios con una mínima intervención de los seres humanos.

La automatización industrial propiamente dicha, como la conocemos en la tercera década del siglo xxi, llegó a ser masiva recién con la evolución de las computadoras digitales, cuya

19

flexibilidad les permite manejar cualquier tarea mecánica, electrónica y de monitoreo cada vez más en rubros productivos, por su combinación de velocidad, poder de cómputo y bajo costo. Por eso podemos definir la automatización (del griego *auto*: guiado por uno mismo) como el uso de sistemas o elementos digitales y mecánicos para fines industriales. Y consiste, en esencia, en la instalación de máquinas o robots que realizan funciones repetitivas, controladas por dispositivos que minimizan la intervención del ser humano.

El objetivo de la automatización industrial se aproxima al que tenían los sumerios cuando inventaron un conjunto de palancas, rodillos y trineos para transportar piedras: realizar la mayor cantidad de tareas y manufacturar la mayor cantidad de productos en el menor tiempo posible, con el fin de reducir costos y riesgos

La automatización de la industria
farmacéutica alcanzó niveles
notables de efectividad.

laborales, además de garantizar uniformidad en la calidad. Fue tan importante en el desarrollo económico de los últimos treinta años que pronto se convirtió, además, en una especialización en los estudios de ingeniería en las universidades de los países más desarrollados. Esta carrera abarca todos los campos de la instrumentación, desde la fabricación de brazos mecánicos hasta las aplicaciones de software en tiempo real para controlar las operaciones.

TECNOLOGÍAS QUE INTERVIENEN EN LA AUTOMATIZACIÓN

21

Cuando uno escucha el sintagma «automatización industrial», imagina a los androides o robots de la literatura de ciencia ficción. Sin embargo, las técnicas que intervienen en la fabricación automática de productos son muchas: brazos mecánicos y electromecánicos, sensores y transmisores electrónicos, dispositivos de movimiento hidráulicos y neumáticos, aplicaciones de software para supervisar y controlar las operaciones, y también unidades integradas que hoy denominamos robots, por supuesto.

Es cierto que la parte más visible en una cadena automatizada del siglo XXI es la robótica industrial. Por eso, la integración de la automatización gira hoy por hoy, muchas veces, en torno de los Sistemas de Control Distribuido (Distributed Control System o DCS). Aquí se estructura el sistema en varios niveles de automatización. Sus componentes, por ejemplo, son el Nivel de Campo, donde están los sensores y las máquinas; el Nivel de Control, donde se encuentran las estaciones de automatización; el Nivel de Supervisión, donde actúan las computadoras y los supervisores humanos; el Nivel MES, con computadoras con software especializado que distribuye la información de la planta y genera reportes de funcionamiento; y el Nivel ERP, con

La Tecnología Asistida por Computación elabora los procesos de la cadena de producción y los controla.

computadoras para la planificación y administración de la producción. Este conjunto permite una planificación y un control estrecho de los procesos industriales.

Siguiendo el esquema de procesamiento distribuido, las computadoras y el procesamiento están organizados en una red jerárquica. En ella los sensores de campo informan lo que sucede en la cadena de producción de manera que en los distintos niveles inmediatamente se tomen decisiones y se ordene ejecutar una tarea u obtener un resultado específico, en base a una programación preestablecida.

Como en última instancia las computadoras son programadas por seres humanos altamente capacitados, existe otro elemento necesario en la cadena de automatización: la llamada Interfaz Hombre-Máquina (Human-Machine Interface o HMI), que consiste en un ordenador conectado a una o varias pantallas, desde las cuales el personal observa el estado de producción y puede introducir variaciones en el proceso, como cambiar la temperatura o la presión, detener una máquina o alterar su recorrido.

24

La supervisión de toda la producción automática en determinado tipo de industrias está a cargo de sistemas computarizados sofisticados llamados SCADA (Supervisory Control and Data Acquisition). Básicamente, es un concepto de programación utilizado para realizar un software que permite controlar, a distancia y en tiempo real, procesos de fabricación mediante señales desde la computadora central hasta los mecanismos de la

UNA TECNOLOGÍA OMNIPRESENTE

La Tecnología Asistida por Computadora implica el uso de tecnologías de cómputo para procesar y controlar el proceso industrial. Trabaja también como puente entre el diseño del producto y el lenguaje de programación de las máquinas-herramientas. No solo es aplicada para la fabricación sino también para la gestión de servicios, el manejo de la información, la administración de los tiempos y el control de calidad. Otra de sus funciones es el análisis de las operaciones necesarias para mejorar y optimizar la producción, el mantenimiento de equipos y la comercialización. Se proyecta que robots en miniatura o nanorrobots se preparen para prevenir y reparar defectos de las máquinas.

planta industrial. Es empleado, por ejemplo, para la inspección y la variación de temperaturas, presiones, válvulas y recetas de composición química, entre otras tareas. De esta manera, el personal tiene a su disposición mucho de los parámetros de funcionamiento de las máquinas en conjunto y puede modificar pasos o secuencias de la automatización. Los SCADA son muy útiles en la producción industrial porque se les puede incorporar avisos de alerta, y prevenir así incidentes o desperfectos en alguna escala de la automatización. Por último, la supervisión se puede realizar vía internet, por lo cual el controlador humano no necesita estar cerca de la planta para poder controlar y verificar que el funcionamiento es el esperado.

Si bien la mayoría de las tareas simples, repetitivas y especializadas quedó en manos de los aparatos, hay tareas humanas muy específicas que, por el momento, no son más difíciles o aún no son rentables de ser sustituidas. Una de ellas es la programación de software, una labor de alta creatividad, donde pese a que hay cada vez más lenguajes de alto nivel, la tarea del programador humano sigue siendo importante. Otra es la inspección de alimentos, ya que aún muy pocas máquinas poseen el sentido del gusto.

25

CUANDO LA MÁQUINA REEMPLAZA AL HUMANO

Hacia un cambio en el trabajo fabril

Las máquinas realizan una mayor cantidad de tareas en menor tiempo y con más precisión que los seres humanos. Esto disminuye los costos de fabricación y mejora las posibilidades comerciales de las empresas. No obstante, la automatización requiere una inversión inicial muy elevada y conlleva la pérdida de puestos de trabajo.

Centro Espacial Kennedy, en Florida.

VENTAJAS Y DESVENTAJAS DE LA AUTOMATIZACIÓN

Las ventajas de la automatización industrial en la manufacturación de productos son muy claras y podría decirse que son casi las mismas que impulsaron a los seres humanos del pasado a inventar artilugios para realizar las tareas más pesadas. Gracias a las máquinas, las factorías realizan una mayor cantidad de tareas y fabrican una mayor cantidad de productos en mucho menos tiempo que antes. Esta simple ecuación matemático-económica reditúa en la baja del costo final por unidad y minimiza riesgos, como los accidentes laborales (muy malos para las personas y las compañías) y las enfermedades de los trabajadores, así como los sueldos y las cargas sociales que se ahorran. Los robots no se toman vacaciones, ni cobran aguinaldo, ni se enferman a menudo.

En este sentido, las máquinas tienen preeminencia en las tareas repetitivas porque están programadas para realizar el mismo recorrido físico y la misma operación durante veinticuatro horas, algo imposible para la capacidad humana. Asimismo, incrementan la productividad porque las demoras, por ejemplo, para aplicar una nueva programación o por una falla técnica, son esporádicas. Los elementos electromecánicos no sufren el agotamiento, ni el estrés, ni la desconcentración de los seres humanos, lo que redunda en la disminución del tiempo de ejecución de una tarea. Estas ventajas evidentes provocaron que, a partir de fines del siglo xx, los robots comenzaran a reemplazar paulatinamente a los operarios.

Por otra parte, los nuevos mecanismos automáticos mejoran sustancialmente la uniformidad en la calidad de las mercaderías porque son mucho más específicos en su tarea que el ojo humano. De esa manera, los envases contienen productos del mismo color y de un tamaño normalizado. El control de calidad es más estricto y eficiente que en la época en que los trabajadores realizaban la

LA GIGAFACTORÍA ESPACIAL

El Centro Espacial Kennedy, ubicado en Florida, Estados Unidos, es una de las fábricas de una sola planta más grandes del mundo, con 3.664.883 m³, y una de las más avanzadas en adelantos tecnológicos. Cuando comenzó su construcción, a principios de la década de 1960, tenía poco más de 13.000 empleados, pero la automatización industrial logró que esa cifra se redujera a 2.100, la mayoría ingenieros altamente capacitados. El Edificio de Ensamblaje de Vehículos, conocido mundialmente por su sigla VAB (Vehicle Assembly Building), tiene 139 m de altura (en su interior podría caber dos veces la Estatua de la Libertad).

selección provistos de una cuchara. No obstante, no todas son buenas noticias para los empresarios que invierten en una cadena automatizada de producción. Las desventajas que ellos mencionan también son muchas cuando pesan en una balanza la toma de estas decisiones. Instalar una fábrica robotizada requiere al principio un enorme capital. La refinería petrolera más grande del mundo, Reliance Oil Refinery, ubicada en la ciudad de Jamnagar,

Las máquinas tienen preeminencia sobre los humanos en las tareas repetitivas.

India, tuvo un costo inicial de 4.600 millones de euros para llegar a producir 17 tipos de gasolinas, lubricantes y plásticos a partir de petróleo crudo. Esta inversión, que parece una enormidad, es apenas un poco más del tercio que costó la línea de ensamblaje de transbordadores del Centro Espacial Kennedy, de la NASA, con 1.150 millones de euros. Es decir, la automatización en la fabricación de un producto necesita una inversión inicial elevada, ya sea para producir frijoles o para fabricar un cohete al espacio estelar.

Otro de los grandes problemas que enfrentan las industrias automatizadas es una mayor dependencia de los sistemas de mantenimiento de las máquinas. Cuando un operario se enferma o renuncia, la idea que en general está latente es que puede ser reemplazado por otro con más o menos la misma capacitación. Cuando un robot falla, no trabaja hasta que sea reparado. Si bien los aparatos tienen cada vez menos posibilidades de descomponerse, los costos de reparación y de recambio de piezas pueden ser considerables. Es un hecho objetivo que el seguro médico no abarca a los robots y las compañías aseguradoras cobran cuotas importantes por cubrir su mantenimiento correctivo y/o preventivo.

Además, todos estos mecanismos generan un problema de flexibilidad laboral porque, a diferencia de los seres humanos, su capacidad de adaptarse a cambios importantes en la producción es

32

GIGANTES EN TAMAÑO Y COSTOS

El *Libro Guinness de los Récords* indica hoy que la gigafactoría más grande del mundo es la fábrica de aviación Boeing, ubicada en la ciudad de Everett, Washington. Sus plantas ocupan 13.385.378 m³. El edificio principal, donde se ensambla el Boeing 747, entre otros de ancho fuselaje, cubre 500 m de ancho por 1.000 m de largo. Cuando comenzó a construirse, en 1966, el costo inicial fue de 525 millones de dólares (unos 474 millones de euros), para producir 25 unidades. Y con cada nuevo modelo de aeronave esa cifra se fue multiplicando varias veces. Por su parte, la acería Posco, en la ciudad surcoreana de Gwangyang, invirtió inicialmente 970 millones de euros en la construcción, pero cuando automatizó todos los procesos en el siglo XXI, gastó un total de 13.700 millones de euros para alcanzar una producción de 21 millones de toneladas de acero al año, equivalente al material necesario para construir por semana cinco Golden Gate, el célebre puente colgante de San Francisco, Estados Unidos. Esa cifra la convirtió hoy por hoy en la planta más cara del mundo.

acotada a lo que fue previsto cuando se los diseñó originalmente y abarca lo que en aquel momento pudo preverse. En el caso más favorable, los robots deben ser reprogramados para las nuevas tareas o, en caso de modelos antiguos, directamente sacados de la línea productiva. Cuando un empresario pretende cambiar el tipo de manufactura, la automatización de una nueva producción requiere una nueva inversión.

Japón, uno de los países donde el uso de robots es más intensivo, tanto en la industria como en los servicios sanitarios y sociales, debió crear un «cementerio» o planta de reciclado de máquinas porque es más barato comprar un nuevo modelo que actualizar uno viejo y obsoleto. Al igual que con otros elementos tecnológicos que cumplieron su ciclo útil, como automotores, celulares, lavarropas, etc., no se pueden simplemente tirar en la vía pública sino que se necesita hacer un reciclado consciente de sus partes para proteger el medio ambiente.

Algo similar ocurre con el personal de las grandes industrias automatizadas. Aunque las empresas se ahorren decenas de sueldos en operarios fabriles, la fuerza de trabajo que necesitan es muy calificada: ingenieros en computación, ingenieros en robótica, analistas de software, programadores, todos ellos capaces de administrar y corregir los sistemas para que la producción se mantenga constante. Así, en la actualidad los empresarios se quejan de que lo que las compañías economizan en salarios de operarios de baja calificación va a parar al bolsillo de los especialistas.

Por otro lado, la ventaja más notable de la automatización industrial para los seres humanos es que se ha reducido su participación, o directamente han sido reemplazados en tareas que dañaban históricamente su salud física, como las fundiciones de plomo y la minería extractiva.

33

La fábrica de Boeing, en el Estado de Washington, es la más grande del mundo.

e777

La automotriz Volkswagen, la fábrica robotizada más grande de Europa, en su planta central de Wolfsburg, emplea en total unos 50.000 trabajadores, la mayoría de ellos con altas calificaciones técnicas.

CRECIMIENTO DEL COMERCIO

La mayor cantidad de productos fabricados en menor tiempo redunda en la baja del costo por cada unidad producida. En una economía de mercado, el principal beneficio de esta ecuación es la competitividad comercial, es decir, la aptitud para ofrecer un producto masivo a un costo menor que el de otras compañías del mismo rubro. Esto sucede tanto a escala nacional como internacional. Así, en un mundo globalizado, las empresas de los países tecnificados y desarrollados pueden introducir sus mercancías con mayor facilidad en el resto de los países que las empresas de naciones subdesarrolladas o en vías de desarrollo.

37

Cuando a principios del siglo xx Henry Ford montó en Detroit la primera cadena de montaje de coches, cumplió el desafío tecnológico de lograr que el Fort T se transformara en el vehículo de aquel presente y del futuro próximo. Su costo permitía que incluso los sectores de clase media soñaran con comprarlo. Miles de sus coches se vendieron en Estados Unidos y en el mundo entero.

LA AUTOMATIZACIÓN DEL *MARKETING*

A partir de bajar los costos de producción, las empresas han invertido mucho dinero en la comercialización de sus productos, no solo en publicidad tradicional, como la cartelería callejera o los medios de comunicación, sino también en la contratación de especialistas en *marketing* para mejorar su llegada al público. Pues bien, a fines del siglo xx nació la denominada «automatización de los negocios». ¿En qué consiste? Se trata de un proceso tecnológico cuyo objetivo es aumentar la calidad de los servicios de las compañías, mejorar la distribución de sus productos tanto en el país de origen como en el exterior, y reestructurar la fuerza laboral sin aumentar

Las exportaciones se incrementan en los países donde las industrias se automatizan.

los costos. Al menos, esa es la idea de partida. Este proceso interno de las empresas se complementa con un proceso externo, la mercadotecnia. La Asociación Norteamericana de Marketing (American Marketing Association o AMA) considera que la mercadotecnia es «una actividad para crear, comunicar, entregar e intercambiar ofertas de productos con algún valor para los clientes, consumidores y la sociedad en general». La definición, un tanto vaga, implica que el mercadeo consiste en identificar las necesidades y los deseos de los consumidores para luego adaptar la oferta y vender los productos en cuestión. Por eso, en esta tarea intervienen economistas, especialistas en comercio, sociólogos y psicólogos. Sin duda, una forma eficiente de competir y fomentar las ventas.

La automatización de una industria, con su consiguiente mayor productividad, muchas veces solo tiene sentido si aumentan las ventas en el país de origen y las exportaciones. Por eso los empresarios y las naciones buscan denodadamente abrir nuevos

mercados compradores, algo difícil en los últimos años por múltiples razones, entre las que se destacan la retracción del comercio global y la batalla comercial entre Estados Unidos y China.

A MAYOR TECNOLOGÍA, MÁS EXPORTACIONES

De acuerdo con la Organización Mundial de Comercio (OMC), que se nutre de la información de las propias naciones, China fue el país que más productos exportó en 2018, por la escalofriante suma de 2.157 millones de dólares. El principal rubro de ventas al exterior fue, por supuesto, el de tecnología eléctrica y electromecánica. El gigante oriental fue seguido por Estados Unidos, con 1.900 millones de dólares, con sus aviones, transistores, coches y computadoras. En tercer lugar figura Alemania, con 1.401 millones, y sus principales ventas fueron maquinarias y vehículos. Estos guarismos reflejan que cuanto mayor es la tecnificación industrial, más posibilidades hay de exportar productos industrializados.

¿EL FIN DEL EMPLEO?

La reeducación de los desplazados

La automatización industrial es ya una realidad. Las máquinas, los robots y las computadoras pueden realizar tareas que antes solo podían llevar a cabo los seres humanos. ¿Qué harán los gobiernos y la sociedad con los desplazados?

Las empresas comenzaron a automatizar sus depósitos con robots inteligentes.

RETROCESO DEL TRABAJO FABRIL

Un estudio efectuado por profesores de la Universidad Estatal Ball, en el Estado de Indiana, reveló que la industria manufacturera de Estados Unidos se redujo en 5 millones de empleos entre 2000 y 2010 debido al aumento de la productividad y las inversiones tecnológicas. El 87% de los puestos perdidos es atribuido a la automatización de las industrias, que se volvieron más efectivas, y apenas el 13% responde al menor volumen del comercio global. La principales industrias que han incorporado la automatización industrial y restringido puestos laborales son la farmacéutica, la alimentaria, la química, la minera, la petrolera, la plástica, la siderúrgica, las telecomunicaciones y, por supuesto, las dos pioneras: la automotriz y la textil.

En la segunda década del siglo XXI, España alcanzó una concentración de alrededor de 160 robots cada 10.000 empleados, con lo cual supera la tasa promedio europea. Es el mercado número 15 con mayor densidad en el mundo, según el *World Robotics Report* de la Federación Internacional de Robótica (International Federation of Robotics o IFR). De acuerdo con el Foro Económico Mundial, la robotización posiblemente haga desaparecer 75 millones de empleos en el mundo durante la próxima década. Al mismo tiempo, podría crear 133 millones de empleos nuevos, que se repartirán entre humanos, máquinas y algoritmos. Es decir que, en un porvenir no tan lejano, a cualquiera podría ocurrirle que un robot o una computadora de última generación coordine el trabajo de las personas.

El fundador de Microsoft, Bill Gates (1955), alertó en varios foros empresariales y sociales sobre este fenómeno que se da en Estados Unidos, Europa y Asia Oriental, y generó una intensa discusión en el área de las políticas públicas cuando defendió la idea de que los robots y los aparatos sofisticados que reemplacen al hombre paguen impuestos y que esos impuestos sean utilizados para solventar la manutención de los desempleados. Célebres economistas como Lawrence Summers (1954), ex secretario del Tesoro de Estados Unidos, le respondieron que cobrar impuestos a una actividad que genera riquezas no sería lógico en una administración capitalista. No obstante, afirmó que se deben invertir recursos en educación y reentrenamiento de los operarios desplazados. Esta problemática tiene en vilo a los gobiernos de la Unión Europea y Estados Unidos.

44 QUÉ CLASE DE PUESTOS SERÁN SUSTITUIDOS

La automatización industrial es vertiginosa y veloz. De un momento a otro, llegará a competir en precisión y calidad con tareas que son privativas del ojo, el oído, el olfato y el cerebro humanos. Tanto el reconocimiento como la producción de lenguaje se encuentran lejos todavía de las expectativas de los ingenieros en automatización, salvo para pequeñas frases automáticas. Por ejemplo, el periódico *Los Angeles Times* tiene a prueba una computadora sofisticada que toma información de páginas oficiales y redacta noticias simples, de dos o tres párrafos, sobre terremotos, accidentes automovilísticos, resultados deportivos, el estado del tiempo y el de las carreteras.

Ben Welsh, uno de sus editores, explicó que varias de las noticias que se publican en la versión web de ese periódico son escritas por un modelo experimental que, en base a algoritmos, toma noticias de páginas oficiales, como la del Programa de Riesgos Sísmicos de Estados Unidos, y redacta crónicas elementales como las de las viejas agencias de noticia internacionales: ¿qué pasó, dónde, cuándo, quiénes fueron afectados, quién informó? No

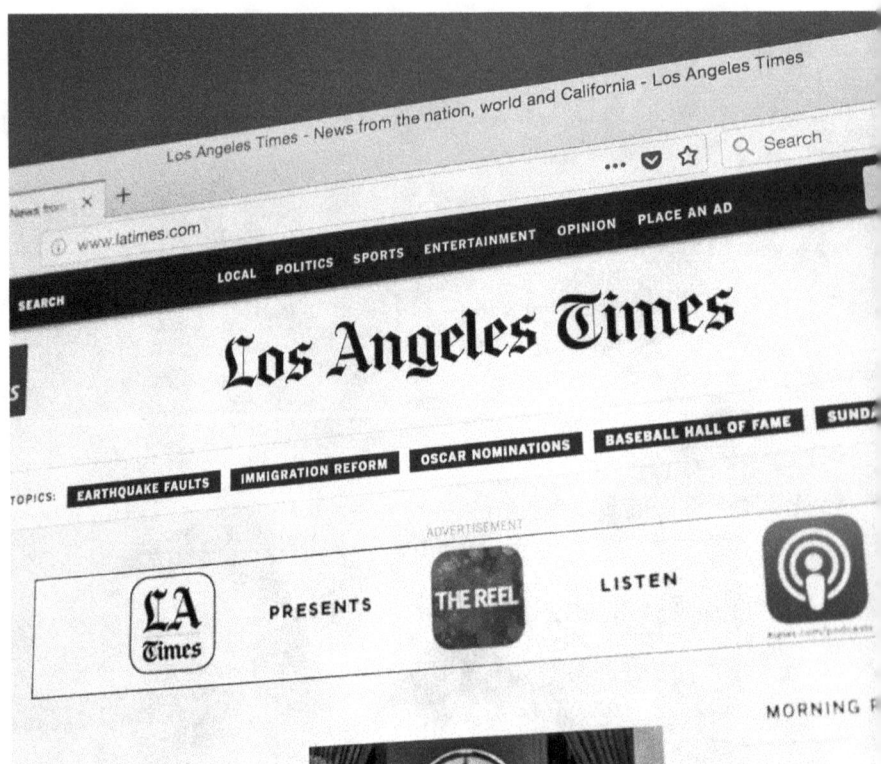

obstante, cuando la noticia requiere cierto análisis y una buena redacción, el ordenador deja de competir con los redactores de carne y hueso.

Sin embargo, el problema central de la automatización industrial a nivel social es que las tareas que antes realizaban los seres humanos ahora las hacen máquinas, robots y códigos informáticos. De modo que, si una persona ha desempeñado una tarea que puede cumplir mejor y en menor tiempo un artilugio, en un futuro próximo le costará encontrar un medio de vida. A una hora y media en coche de Nueva York se encuentra la ciudad de Newark, una de las zonas industriales más prósperas de Estados Unidos hasta finales de la década de 1960. Allí se fabricaban desde neumáticos para automóviles hasta guantes de vestir para mujeres. Sin embargo, los avances tecnológicos hicieron que muchas empresas abandonaran la ciudad y se radicaran en Asia, donde la mano de obra es mucho más barata, o en México, que les otorga ventajas

Los Angeles Times utiliza un modelo experimental de
computadora automática para publicar noticias breves en su
web sobre terremotos, accidentes automovilísticos, resultados
deportivos, el estado del tiempo y el de las carreteras.

impositivas. En la década de 2000, Newark se convirtió en una
ciudad fantasma con muy poca población de escasos recursos,
parecida a los barrios pobres típicamente sudamericanos.

El mismo panorama se observó en Europa Occidental durante
la última década: varias industrias se mudaron a Europa Oriental
o a Asia. El pretexto son los costos laborales, pero la disminución
de puestos en varias ciudades de los países más desarrollados está
relacionada con los adelantos tecnológicos.

Hospitales de Nueva York, Chicago y Los Ángeles han incorporado en la última década robots sanitarios para transportar medi-
cinas y la comida de sus pacientes. Ese trabajo lo realizaban en el
pasado los auxiliares de enfermería y el personal de maestranza.
Japón y Corea desarrollaron «cuidadores personales» para personas mayores. Y ya se automatizaron muchas de las tareas básicas
de una *babysitter*, como supervisar a un bebé y dar aviso de sus
controles. Los grandes depósitos de la gigafactoría Amazon cuentan con robots que arman los pedidos de los consumidores con
la supervisión de humanos. El establecimiento central de Estados
Unidos tiene 200 máquinas que se mueven en cuadrículas horizon-
tales y verticales para realizar el trabajo de unas 1.000 personas.

Así, gran cantidad de puestos laborales ya no están disponi-
bles para las personas en el siglo XXI. Hasta la década de 1990,
las compañías de seguros empleaban cientos de seres humanos
como archivadores; las computadoras acabaron con ese método.
Labores que antes requerían una formación poco calificada, ahora
son automatizadas, y las compañías solo necesitan profesionales con formación avanzada para su control y su reparación. Un
aspecto muy difícil es esa transición que va de la pérdida de fuentes de empleo a la reeducación y la nueva inserción laboral tanto
en jóvenes como en personas de mediana edad.

Carl Benedikt Frey, economista e investigador de la
Universidad de Oxford, señala que «el 47% del mercado laboral

47

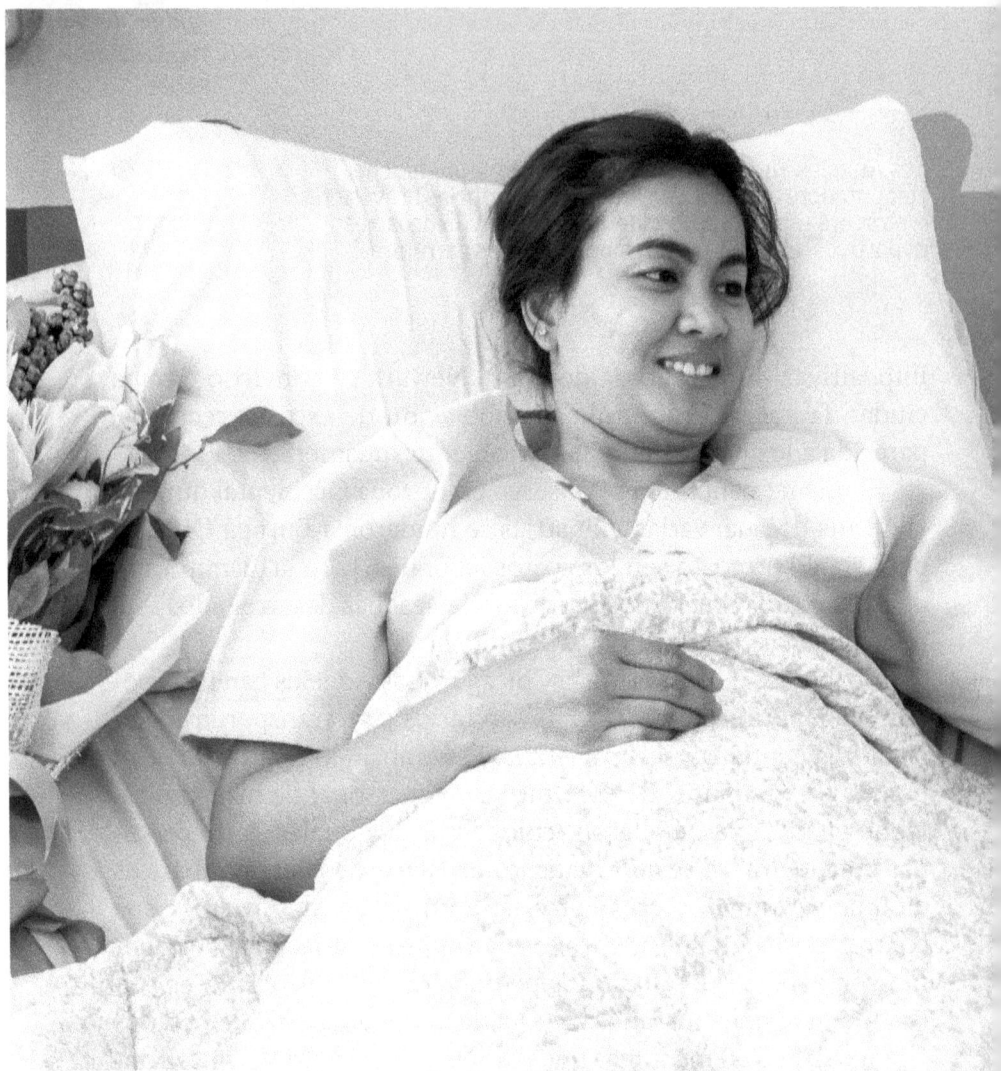

Los robots sanitarios ya son una realidad en hospitales de Nueva York, Chicago y Los Ángeles.

de Estados Unidos está listo para ser automatizado». Se calcula que hacia 2030 los cajeros humanos de bancos e hipermercados habrán desaparecido, lo mismo que los bibliotecarios. Como contrapartida, el rubro de los servicios alimentarios parece ser el indicado para que los seres humanos desarrollen aún sus labores. Las cadenas de hamburguesas y comidas rápidas como McDonald's, Wendy's y KFC emplean en todo el

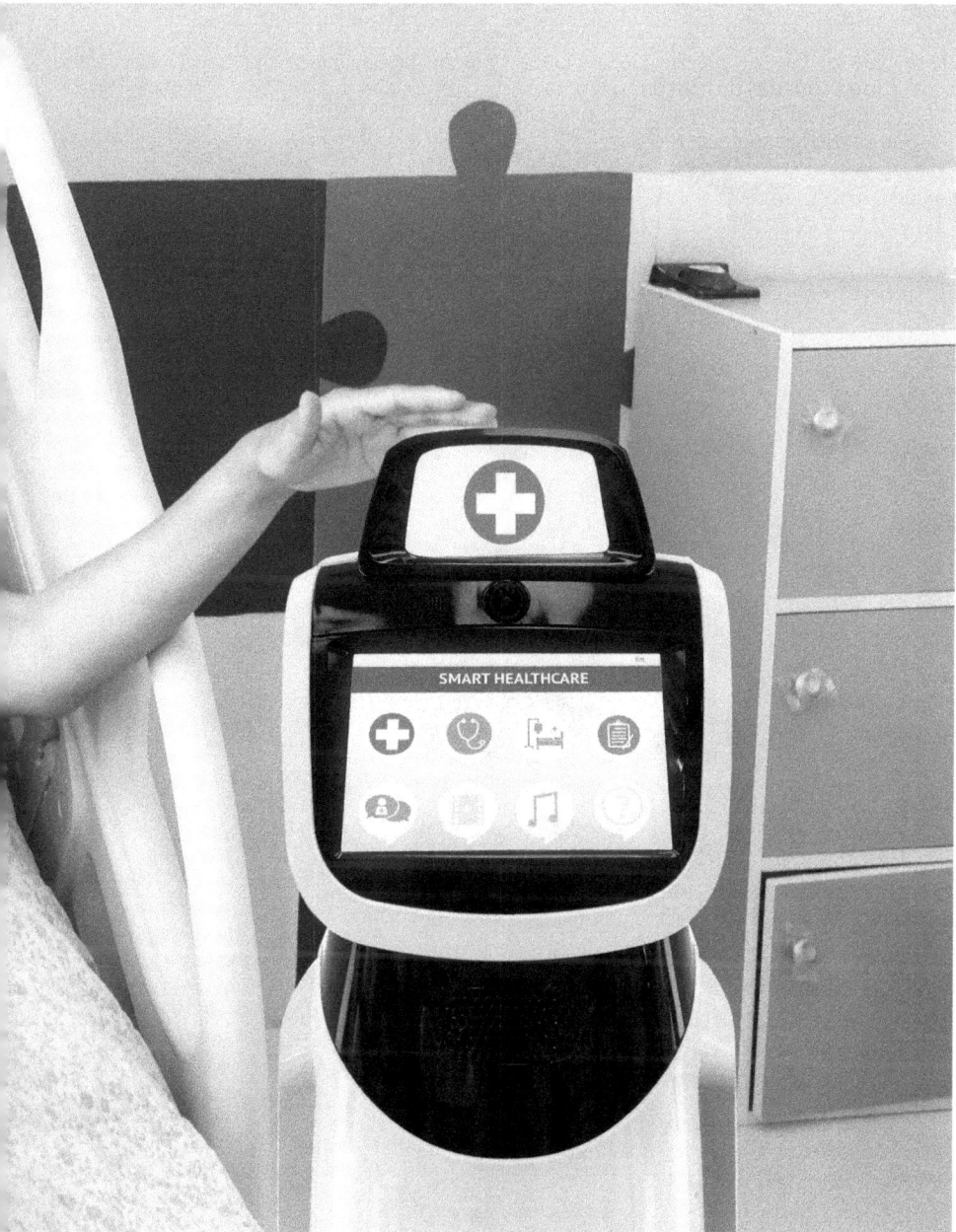

mundo a miles de personas porque la mayoría de los procesos de cocción, empaquetado de comida y entrega de productos no pueden ser por el momento automatizados 100% con efectividad en forma rentable. Además, esas empresas sostienen defender una política «*human-friendly*» como uno de los fundamentos de responsabilidad social, y de la misma forma muchas otras, que se convirtieron en «*eco-friendly*».

Algunas cadenas de comida comenzaron a reemplazar a sus camareros con robots que sirven los pedidos.

HERE'S YOUR ORDER!

Set A x 1

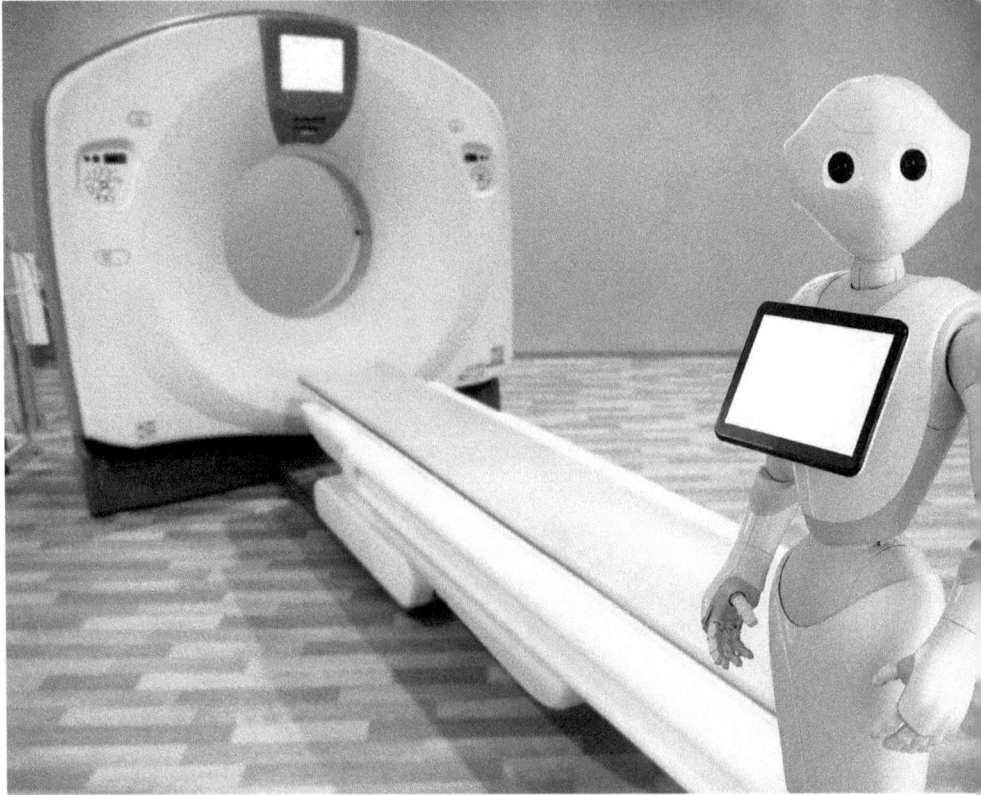

LOS CAMBIOS DE PERFIL EDUCATIVO

Las máquinas son ahora tan inteligentes y aprenden paulatinamente tantas cosas que debemos reconocer su capacidad para reemplazar a los seres humanos en muchas tareas, incluso en aquellas que requieren cierta pericia científica. Los diagnósticos por imágenes que hacían los técnicos especializados en medicina o directamente los médicos, ahora son realizados por los mismos aparatos de rayos X y los tomógrafos conectados a computadoras en base a reglas de sistemas expertos. El efecto traumático de esta nueva Revolución Industrial es que las empresas invierten cada vez más en máquinas que necesitan mínimos mantenimientos, y ahorran el pago de salarios y de seguros social y médico. Un caso emblemático en las próximas dos décadas será el coche autónomo (sin conductor). Por ahora, en general es usado como prototipo y aún no está autorizado

Tomógrafo informático que analiza
imágenes y realiza diagnósticos
en los centros asistenciales más
avanzados del mundo.

por las leyes viales de la mayoría de los países en la vía pública, pero seguramente no falta tanto para que reemplace a los transportistas de carga, a conductores de taxis y remises.

De acuerdo con investigadores universitarios que analizan el problema, cada 18 meses la tecnología automática alcanza un nuevo desafío y los procesos son cada vez más baratos, lo cual va en detrimento del empleo humano. Benedikt Frey señala que, «cuando los empleos de cuello blanco sean reemplazados por sistemas informáticos, será más grave». Se refiere a los oficinistas de bancos, contadores y empresas de servicios. En ese caso, el desempleo afectará también a las clases medias y generará problemas sociales de una magnitud que aún está por medirse, pero que se intuye como una verdadera tragedia. Los especialistas creen que una de las soluciones más rápidas y seguras es el cambio de los planes de estudio y la captación de jóvenes en carreras que tendrán salida laboral en el futuro.

De todos modos, muchas carreras terciarias y universitarias se mantienen relativamente a salvo del avance tecnológico. Los especialistas estiman que un sector con gran salida laboral es, todavía, el campo de la sanidad. Por más que haya robots-enfermeros, en numerosas tareas las máquinas no son aceptadas por los pacientes en nuestra cultura, como el aseo personal, la aplicación de inyecciones o la toma de temperatura o de presión corporal. Otras también a salvo son las actividades humanísticas que se basan en la creatividad y las vinculadas a la enseñanza y el *coaching*, tanto intelectual como físico, donde los seres humanos son todavía irremplazables. Asimismo, las profesiones vinculadas a la salud mental, como la psicología y la psicopedagogía, no tienen un equivalente en algoritmos, si bien el desarrollo en esos campos también crece de manera exponencial.

Entonces, ¿cómo habría que procederse con la educación? Pocos lo saben con certeza aunque algunas soluciones

53

Los estudiantes coreanos son sometidos a una educación intensiva en matemática, lengua y tecnología.

La minería automatizada mejora la
calidad de vida de sus trabajadores
pero ocupa menos puestos de trabajo.

LAS PRIORIDADES SEGÚN EL BANCO MUNDIAL

El Banco Mundial (BM), una organización especializada en finanzas y asistencia que componen 189 países, analizó el problema de la automatización industrial y el atraso educativo, sobre todo en los países en vías de desarrollo. De acuerdo con el informe, debería impulsarse una mancomunidad entre los gobiernos, los empresarios y los inversores para obtener mejoras en la *performance* en un futuro cercano, en base a tres ideas elementales: *1)* centrar la atención de los estudiantes en las aptitudes básicas, el desarrollo de matemática en la primera infancia y el mejoramiento de la capacidad de lectura temprana; *2)* brindar oportunidades para que los actuales trabajadores inviertan tiempo en las aptitudes requeridas por los nuevos mercados laborales, un modo de defenderse contra la automatización industrial; *3)* utilizar los datos empíricos sobre la influencia de la educación en el rendimiento del mercado laboral para implementar innovaciones financieras y usar las ganancias futuras para financiar la educación superior.

El BM considera que la automatización industrial tendrá un alto impacto en los países en desarrollo y que en la mayoría de los casos sus autoridades no han siquiera empezado a preocuparse por la repercusión que ese impacto tendrá en la sociedad. En los países no desarrollados o subdesarrollados, los beneficios de la escolarización serán elevados porque la calidad actual de los sistemas educativos es baja, pero para eso las naciones deben hacer hincapié en mejorar la enseñanza.

comenzaron a aplicarse. La primera es estimular a los jóvenes a estudiar carreras universitarias relacionadas con la tecnología y el desarrollo industrial. Los empleadores buscan trabajadores más flexibles, con alto nivel de desempeño y que no tengan inconvenientes en cambiar repetidas veces su tarea. Además, en las áreas industriales se requiere como conocimiento básico el idioma inglés debido a que los manuales de uso de las máquinas, vengan de Estados Unidos o de Oriente, son editados en la lengua universal del comercio.

Un modelo de educación exitoso, según coinciden algunos especialistas, es el oriental, sobre todo en Corea del Sur, Singapur, Japón y China. En esas naciones, los alumnos tienen clases intensivas

El debate que se viene: ¿deben pagar
impuestos los robots que suplanten a seres
humanos en las cadenas de montaje?

seis veces a la semana, con alta capacitación en matemática y tecnología. En 1962 Corea del Sur tenía un producto interno bruto (PIB) similar al de muchos países del África Subsahariana, pero una década más tarde, con la reforma de los sistemas educativos y laborales (el uso intensivo de mano de obra) y una política de exportación agresiva, su riqueza se duplicó. En 2019, su PIB per cápita era de 29.743 dólares, mientras que el de Estados Unidos, la primera potencia económica mundial, era de 59.532 dólares.

El ganador del Premio Nobel de Economía de 1974, el neerlandés Jan Tinbergen (1903-1995), advirtió en sus estudios que los avances tecnológicos eran «demorados» por el grado de calificación de los trabajadores y eso causaba desigualdad en los ingresos, no solo en el mismo país, sino entre naciones desarrolladas y subdesarrolladas. La clave para reducir esos desniveles era la educación, la mediadora entre la calificación de los empleados y los avances industriales. Pero a partir de la década de 1980 los gobiernos de todo el mundo invirtieron mucho menos en enseñanza y la consecuencia fue el atraso tecnológico de los sistemas educativos. Las escuelas medias y las universidades están en una lucha constante por alcanzar las demandas del mercado de trabajo, aunque están perdiendo la batalla.

MEDIDAS QUE ESTUDIAN LOS GOBIERNOS

Una de las medidas que evalúa el Parlamento de la Unión Europea es la aplicación de regulaciones ante el avance tecnológico. Por un lado, los parlamentarios pretenden que no se automatice la industria tanto como podría concebirse y que se mantengan empleos humanos. Por otro lado, se alzan voces que pretenden gravar con impuestos a las máquinas y los robots para otorgar una especie de salario universal de manutención. El

LAS SOLUCIONES QUE SE BUSCAN EN ESPAÑA

La Agencia Estatal de Administración Tributaria de España (AEAT) estudia la manera de enfrentar la irrupción de los robots en el mundo laboral. Una de las alternativas es crear un impuesto específico a la automatización. Bartolomé Borrego, vocal responsable de la División de Nuevas Tecnologías de la AEAT en Andalucía, Ceuta y Melilla, dijo a la prensa española que una opción sería que las empresas paguen impuestos por sus robots, como «el Impuesto al Valor Agregado (IVA) por su mantenimiento o una tasa por ventas». En tanto, el colectivo social Cibercotizante propuso, por su parte, que los robots contribuyan mediante la eliminación de los actuales estímulos fiscales a la robotización, lo que emparejaría la competencia entre un trabajador y la máquina. También demanda que se aplique una tasa a la compraventa de robots, en la misma línea que la Agencia Tributaria española. En paralelo, se estudia estimular, mediante la reducción de impuestos, a las empresas que originen nuevos puestos de trabajo para los humanos.

El Pacto de Toledo, la comisión parlamentaria encargada de proponer medidas para sostener el sistema de jubilaciones y pensiones, indicó en 2019 que la revolución tecnológica implica un incremento de la producción pero no del empleo. Sin embargo, los diputados consideran difícil imponer un nuevo impuesto a la automatización porque habría que otorgar un estatuto jurídico al robot. Al respecto, el Parlamento Europeo abrió la puerta a debatir si se otorga la categoría de «persona electrónica» a las máquinas, el paso previo para que paguen tasas.

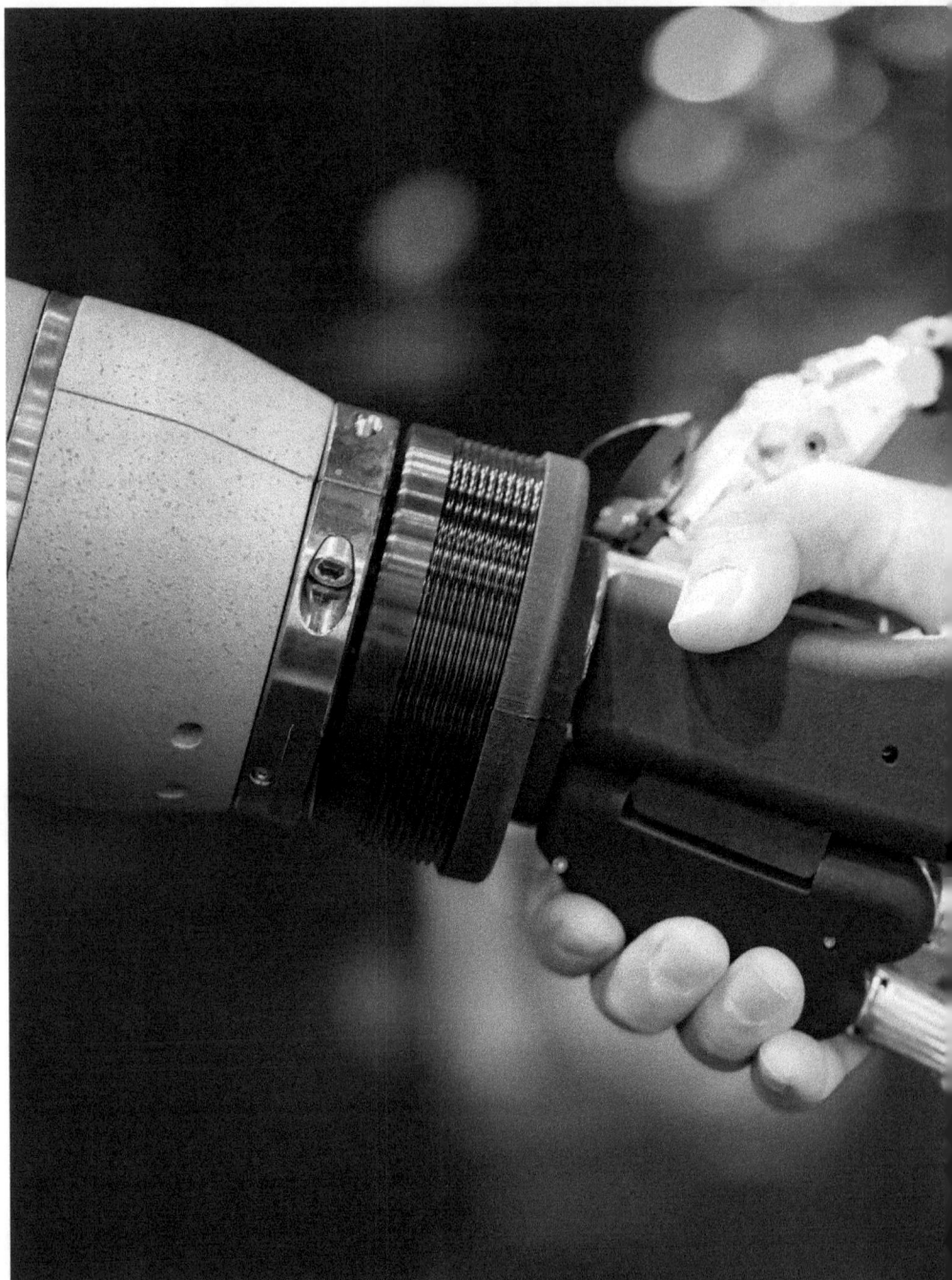

En un futuro cercano, tendremos que aceptar que los robots convivan con nosotros y que ellos realicen algunas tareas mejor que los seres humanos.

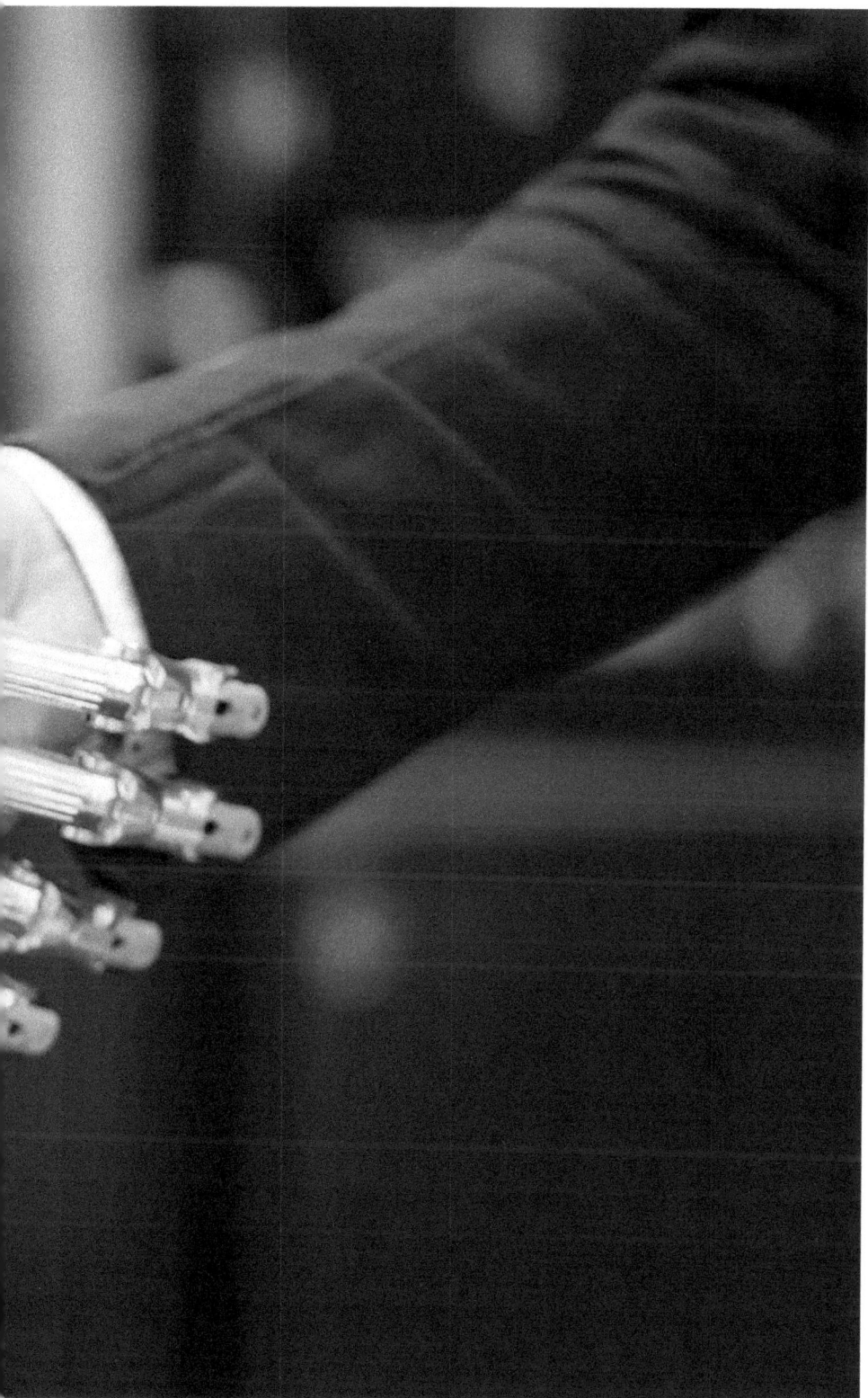

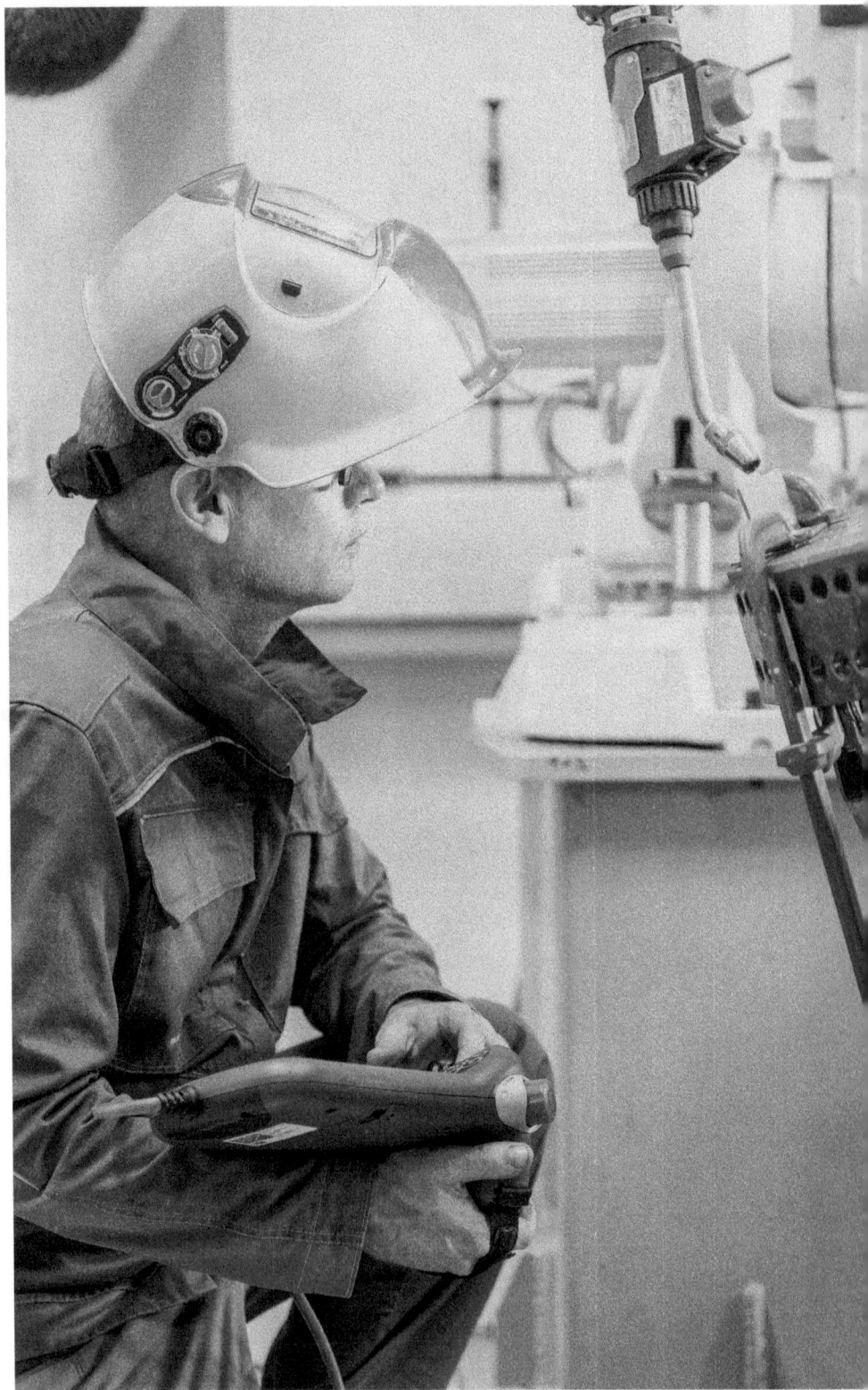

Un ingeniero en robótica
supervisa el funcionamiento
de la línea de producción.

llamado «Sistema de renta garantizada o asignación universal» tiene el objetivo de que toda la población acceda a un mínimo indispensable y sustente sus necesidades básicas. Sin embargo, algunos economistas que estudiaron el tema señalan que, cuando se fomentaron sistemas de paga automática, hubo efectos destructivos en la sociedad: «La gente no es feliz en su casa mientras el Estado le paga su salario». Una de las soluciones creativas a este problema se implementó en Francia, mediante la reducción de la jornada laboral a 40 horas semanales, de modo que se necesiten más empleados para completar los turnos fabriles. Otros gobiernos de la Unión Europea estudian los efectos de ese proyecto para aplicar políticas similares.

63

El especialista del MIT Erik Brynjolfsson reveló que los salarios promedio en los países desarrollados son más bajos que hace veinte años y que la proporción de empleos por el número de habitantes también disminuyó. A partir de estos datos, sostiene que a los seres humanos «no se nos da tan bien crear puestos de trabajo como destruirlos». En este escenario, los países en vías de desarrollo tienen cantidades más elevadas de empleos en peligro de automatización, mientras que los países de bajos ingresos o subdesarrollados, al contar con mano de obra barata, pueden aprovechar la situación para lograr un rápido crecimiento, como hicieron las naciones de Asia Oriental a partir de 1960.

Nos guste o no, los seres humanos tendremos que convivir en el futuro con las máquinas, las computadoras y los robots. Existen no menos de 20 tecnologías revolucionarias que, entre las décadas de 2020 y 2030, será aplicadas en la vida cotidiana: desde la nanotecnología hasta la programación de computadoras en internet. En ese marco, una de las tareas que les cabe a los gobiernos es replantear la organización social actual, el sistema de educación y la distribución económica. De los seres humanos dependerá cómo se use la tecnología del futuro.

LOS AVANCES DE LA INVESTIGACIÓN

Hacia la robotización del trabajo

Ante los avances de la automatización industrial, las universidades crearon carreras afines como Ingeniería en Automatización y Control, Mecatrónica y especializaciones en Ciencias de la Computación. En paralelo, investigaciones científicas sobre inteligencia artificial y computación se enlazan con el desarrollo de androides y robots para usos múltiples. Los gobiernos invierten grandes sumas para fomentar su desarrollo y analizan nuevas regulaciones éticas y legales.

LA INGENIERÍA EN AUTOMATIZACIÓN Y CONTROL INDUSTRIAL

El progreso incontenible de la técnica y de la automatización del trabajo provocó, como mencionamos en el capítulo anterior, que las universidades de los países más desarrollados del planeta crearan una rama de la ingeniería que se ocupa de educar y entrenar a los especialistas del futuro. La carrera de Ingeniería en Automatización y Control Industrial tuvo a partir de 2000 una rápida aceptación en Europa y Estados Unidos, y también en algunos países de América Latina, como México y Argentina, aunque los pioneros en la materia fueron los gigantes tecnológicos orientales: Japón, Corea del Sur, Singapur y China. El objetivo es formar profesionales altamente capacitados para abastecer a las modernas factorías electromecánicas, y sus egresados cuentan, por el momento, con una salida laboral rápida. De hecho, muchas empresas contratan estudiantes avanzados y les pagan adicionales para que terminen sus estudios, tal la necesidad de abastecerse de los futuros ingenieros. Los rubros de la producción que más se han equipado con ingenieros en automatización para optimizar su producción son la minería, la producción de celulosa para papel, las petroleras, las petroquímicas, las productoras de energía eléctrica, la industria metalmecánica, las automotrices, las textiles, las productoras de alimentos enlatados o envasados en cartón y las siderúrgicas.

La Ingeniería en Automatización enseña, básicamente, la manera de integrar con armonía las tecnologías de vanguardia para aplicarlas en cualquier tipo de cadena de producción. Asimismo, estudia los sistemas de control automático de esas tecnologías para que la producción sea constante y las fallas, mínimas. Además de enlazar el complejo electromecánico de una fábrica, los especialistas desarrollan sistemas de supervisión a medida para cada tipo de producción, software para la instrumentación industrial y redes de comunicación entre las computadoras que controlan y las máquinas o robots que ejecutan los procesos. Un somero análisis de los temas que se estudian en Estados Unidos y el Reino Unido permite distinguir la exigencia con que se entrena a los futuros ingenieros:

- Generar proyectos teóricos y prácticos de automatización industrial y su supervisión, en los cuales se logre superar los estándares de productividad anterior y se preserve la seguridad de los operadores humanos.
- Procurar la optimización de los procesos productivos que utilizan tecnologías de automatización, así como mejorar su mantenimiento.
- Planificar y coordinar el mantenimiento de una planta productiva automática, intentando reducir los costos.
- Evaluar la posibilidad técnica y económica de integración de los distintos sistemas que componen una planta automática y adaptar al personal humano.

Este último punto es muy importante debido a una de las desventajas más notorias de la automatización industrial: los altos costos iniciales de instalación y programación de las máquinas cada vez que se modifica un proceso o se cambia de producto manufacturado.

67

LAS CARRERAS CON MAYOR DEMANDA EN EL FUTURO

Adecco, empresa proveedora de recursos humanos con sede en Suiza y con operaciones en gran parte de Europa, elaboró un *ranking* de las carreras con mayor demanda, a partir de parámetros como la salida laboral y la predilección de los futuros estudiantes. Encabeza la lista la «Administración de empresas y finanzas», y entre las primeras 25 figuran las ingenierías Informática, Industria, en Telecomunicaciones, Mecánica y Electrónica. Recién en el puesto número 13 aparece la Ingeniería Industrial y Automática o Ingeniería en Automatización Industrial. A pesar de ser la que tiene más salida laboral, los estudiantes todavía no están bien informados acerca de sus alcances y prefieren los conocimientos más tradicionales. Otra rama con gran demanda es la del comercio y el *marketing* porque, obviamente, hay que saber vender lo que se produce y llegar al consumidor. Paradójicamente, otras carreras con futuro laboral son las humanísticas, vinculadas a la enseñanza y la creatividad: Psicología y Psicopedagogía, Filología, Lingüística y Literatura, Filosofía, Arquitectura, Artes y Diseño, materias que no pueden ser ejercidas por androides ya que requieren creatividad e improvisación.

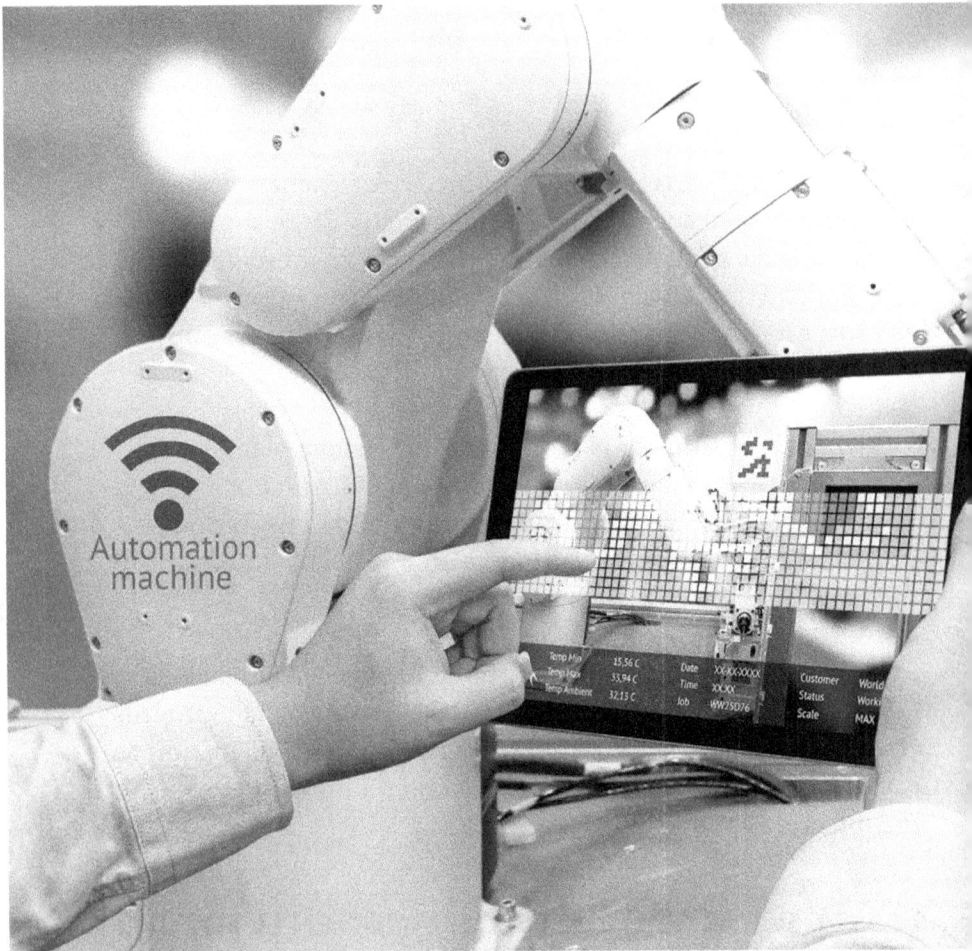

Los estudios aplicados a esta carrera proceden en general de otras variedades de ingeniería y de ciencias exactas, ya que los estudiantes deben poseer una sólida formación en matemática, física, química, neumática, hidráulica, mecánica, robótica, electrónica y computación, materias que, al integrarse, sirven al futuro ingeniero para planificar los sistemas de instrumentación de las maquinarias, la evaluación de los sistemas digitales y la

La Ingeniería en Automatización enseña la manera de integrar con armonía las tecnologías de vanguardia, para aplicarlas en cualquier cadena de producción.

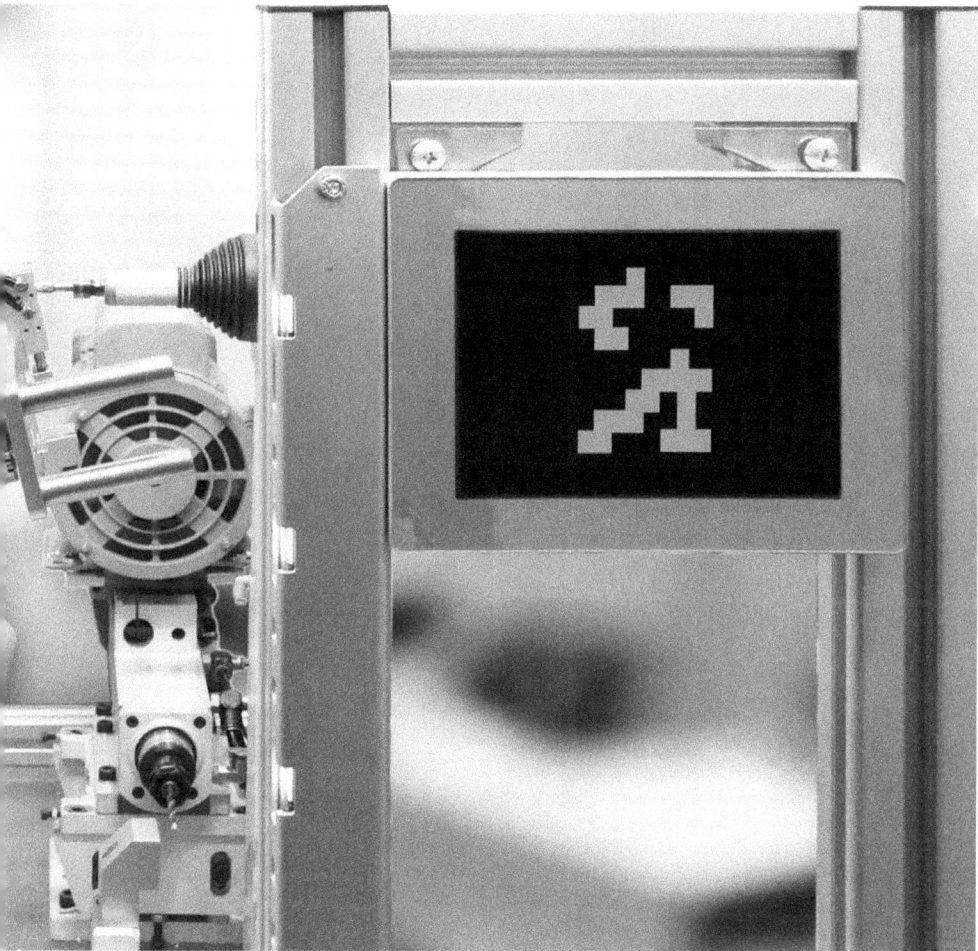

programación. Posteriormente, podrán analizar diferentes técnicas para el control de los procesos industriales mediante controladores lógicos programables, actuadores (dispositivos capaces de transformar energía hidráulica, neumática o eléctrica en energía mecánica) y válvulas de control, entre otros instrumentos que optimizan la automatización industrial.

Pese a la especificidad técnica, los estudios no deberían dejar de lado los problemas legales y éticos que implican los nuevos desarrollos en automatización e inteligencia artificial. Durante la carrera, se pone de manifiesto que en los procesos tecnológicos deben ser los seres humanos quienes decidan cómo puede actuar un robot y cómo no. Y se pone énfasis en la supervisión porque cuanto más grave sea el riesgo potencial que genere una máquina, más estrictos deben ser los sistemas de gestión y de control y lo que se denomina redundancias de lazo.

La carrera de Ingeniería en Automatización figura 13.ra entre las más solicitadas por los estudiantes en los países desarrollados.

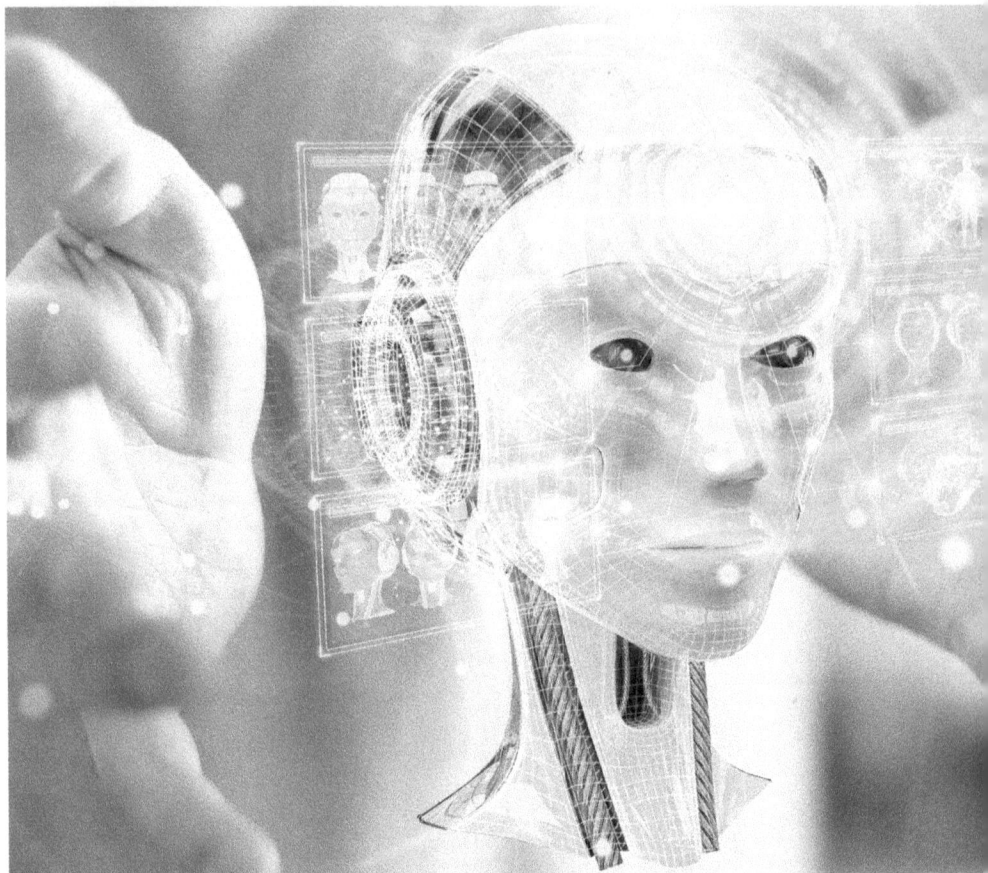

LA INTELIGENCIA ARTIFICIAL

En el imaginario colectivo, un robot o un mecanismo autónomo despierta especial desconfianza porque se cree que no son controlados directamente por un humano. En literatura, algunos especialistas llaman a ese trauma «efecto Frankenstein», en referencia al monstruo ficcional creado por Mary Shelley (1797-1851) en su novela *Frankenstein o el moderno Prometeo* (1818). Sin embargo, en la práctica es una idea un poco errónea, ya que los programas, las funciones, el movimiento y las secuencias de acción de las máquinas, sea cual fuere su complejidad, están a cargo de seres humanos con una alta capacitación en automatización y software. En ese sentido, la expresión «inteligencia artificial» puede llevar a la confusión porque pareciera aludir a un aparato electromecánico dotado de algo similar al razonamiento y con el poder cognitivo de un ser humano. En verdad, «inteligencia artificial» es un concepto acuñado en 1956 por el célebre informático estadounidense John

El informático John McCarthy acuñó el concepto «inteligencia artificial», una tecnología que todavía no conoce su techo.

McCarthy (1927-2011) y no describe a una máquina que piensa por sí misma sino a la ciencia de fabricar máquinas que sepan responder inteligentemente a la programación de un ser humano.

Las Ciencias de la Computación denominan como inteligencia artificial o máquina inteligente a un mecanismo electrónico o electromecánico flexible que percibe su entorno y realiza acciones que maximizan sus posibilidades de éxito en alguna tarea preestablecida por un programador. Por eso las primeras máquinas no razonaban por sí mismas ni tenían la creatividad de los seres humanos, sino que imitaban sus funciones cognitivas, como percibir, inferir una acción entre un número limitado de opciones y, ante ciertos estímulos, aprender y resolver problemas. Sin embargo, estos mecanismos han avanzado y han mejorado sus aprendizajes de tal manera que pueden interpretar con corrección los datos externos y emplear ese conocimiento con un objetivo, que puede implicar desde realizar cálculos matemáticos complejos o jugar al ajedrez hasta componer música en base a parámetros anteriores o pintar como algún pintor famoso.

Cuanto más grave sea el riesgo potencial que genere una máquina, más estrictos deben ser los sistemas de gestión y de control.

La acería Posco, por ejemplo, utiliza un brazo robótico llamado LiquiRob, que fue desarrollado por el conglomerado industrial alemán Siemens, para comprobar la temperatura del acero derretido o añadir sustancias químicas en el proceso. Hacia fines de la década de 2000, esa tarea todavía era realizada por un operario provisto de un traje de amianto que le permitía tolerar los 1.550 °C a los que se funde el acero. Esa simple mecanización evitó accidentes laborales.

La acería Posco, en Corea del Sur.

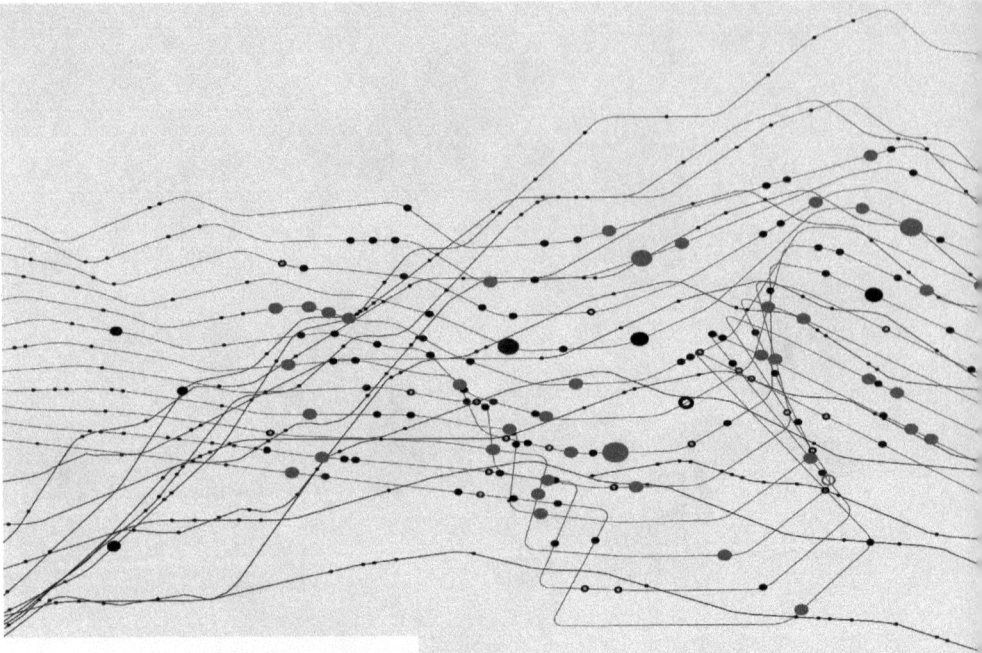

Representación del gran flujo de datos en la computación cuántica.

El perfeccionamiento de la inteligencia artificial y su aplicación en la robótica permitieron que muchas industrias automatizaran con mayor facilidad su producción y, por supuesto, que mejoraran su productividad. La muestra más elocuente es el desarrollo de los coches autónomos. Sin embargo, esto también generó conflictos éticos en la sociedad y en los gobiernos porque el marco legal vigente es anterior al progreso tecnológico.

Parlamentarios europeos y expertos estadounidenses se reunieron en California, Estados Unidos, en 2016 y 2017, para establecer una serie de «principios» y «valores éticos» sobre estas tecnologías. Si bien en muchos países se discuten leyes que limiten la inteligencia artificial y la automatización industrial, los parlamentarios llegaron a algunas conclusiones que fueron transmitidas a las universidades y a los complejos científico-tecnológicos. La principal es que toda investigación y perfeccionamiento en este rubro debe ser «transparente» y «reversible», es decir que, si en algún momento los seres humanos pierden el control del proceso, deben retrotraer el desarrollo a punto cero. Cuanto mayor peligro genere una máquina automática, más fácil debe ser su interrupción.

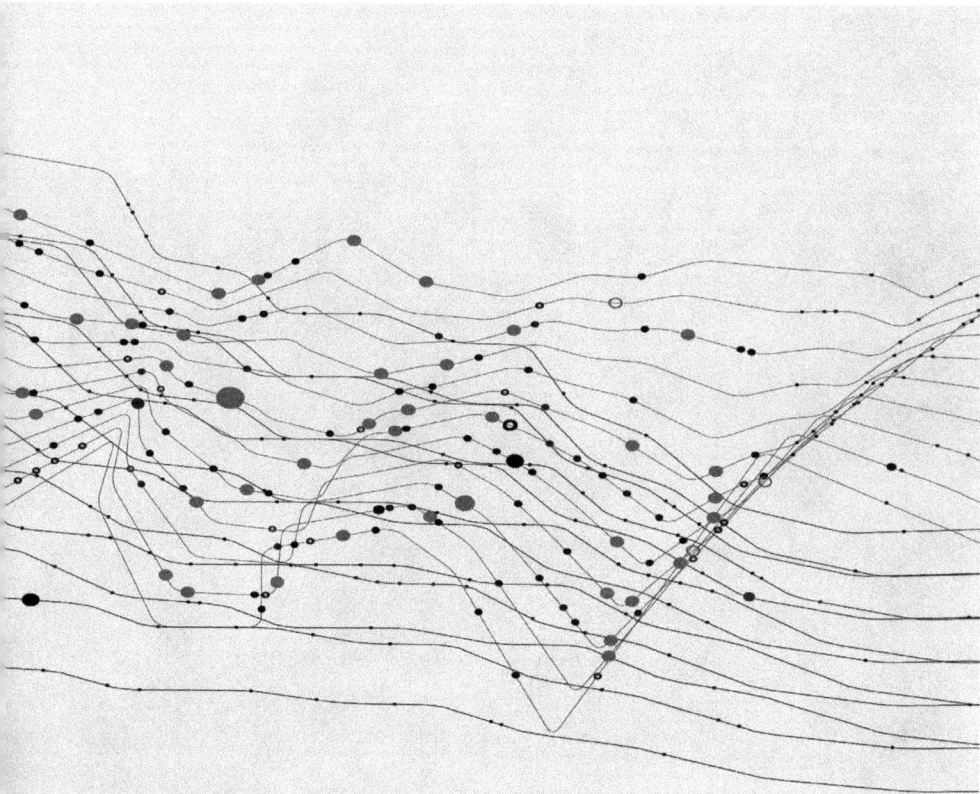

LO QUE VIENE:
LA COMPUTACIÓN CUÁNTICA

Si bien todavía está en pañales, la Computación Cuántica parece ser el próximo
desarrollo con grandes implicancias en la automatización industrial y la robótica. Si
bien no es tan fácil explicar en detalle cómo funciona, podemos decir a grandes
rasgos que la computación tradicional, cuya unidad básica de información es el
bit, trabaja con un sistema binario de opciones, con lo cual si queremos cambiar
un número determinado de bits, debemos realizar al menos el mismo número
de operaciones. En contraste, la computación cuántica permite la superposición
y el entrelazamiento de bits –llamados *qubits* (quantum bits)– sin afectar al
resto de las unidades. De acuerdo con los especialistas, cuando esta alcance su
perfeccionamiento, será apropiada para el aprendizaje automático: con un solo
algoritmo de programación se conseguiría desenvolver programas que transcriban
conversaciones, identifiquen objetos o conviertan esos objetos en imágenes. También
traduciría cualquier lengua, por lo cual podría ser utilizada en la decodificación de las
criptografías usadas hasta el momento. No es casual que también la NASA y el área
militar de ese país, el Pentágono, impulsen el proyecto en Estados Unidos.

Otro de los avances que se esperan a partir de los estudios cuánticos es la
programación de buscadores digitales mucho más veloces que los actuales. Los
científicos sostienen que este adelanto potenciara soluciones de problemas químicos
y médicos, como por ejemplo el hallazgo de nuevas estructuras moleculares
complejas a partir de las cuales se iniciarían tratamientos cada vez más específicos.

El vehículo autónomo, sin conductor humano, genera varios problemas éticos en la legislación de los países desarrollados.

¿QUIÉN CONTROLA LA PRODUCCIÓN AUTOMÁTICA Y LOS ROBOTS?

La empresa española Acuilae presentó en 2018 una versión del software Ethyka, que responde a las necesidades de regular los usos de la inteligencia artificial y la robótica, en el mismo sentido en que lo analizan en la actualidad distintos gobiernos, como el Parlamento Europeo y la administración de Estados Unidos. El módulo de recomendaciones contiene distintos patrones éticos, criterios de decisión y comportamientos humanos ante hechos imprevisibles en los procesos de automatización. Básicamente, el software está pensado para resolver el problema de la toma de

decisiones de las máquinas automáticas o robots antes dilemas éticos en distintos ámbitos de la producción industrial. Pero el punto neurálgico que estudia Ethyka es el desarrollo, cada vez más generalizado, de vehículos autónomos sin conductor. Uno de los ejemplos emblemáticos que presenta es el caso de un accidente en la carretera. Si un coche se enfrenta a una colisión inevitable, en el que su opción es escoger a una víctima –por ejemplo, una anciana o un niño–, ¿a quién elegiría y por qué?

La concepción de una pregunta tan dramática apunta a la reforma de los códigos éticos de las industrias tecnológicas para adaptar las máquinas a los comportamientos individuales y colectivos de los seres humanos. Otro tipo de dilema que exhibe el

El filme *Blade Runner* planteó por primera vez el problema ético de la autonomía de los robots (fotograma del filme).

módulo de recomendaciones se basa en una decisión estrictamente familiar: ¿los padres enviarían a sus hijos al colegio solos en un coche sin conductor? Los gobiernos y sus parlamentos tienen ahora la palabra para responder a las necesidades morales frente a los nuevos conocimientos. Esto sin contar que para el transporte interno en campus universitarios ya se usan vehículos autónomos, y serán la gran *vedette* en los juegos olímpicos 2021.

Es sabido que la tecnología avanza más rápido que las legislaciones y las regulaciones. Por eso, en 2019 la Unión Europea trabajó contrarreloj para normativizar aspectos éticos de la robótica y la automatización industrial antes que las otras potencias del rubro: Japón, Corea del Sur, China y Estados Unidos. El filme *Blade Runner* muestra un mundo en el que robots se rebelan. La solución que encuentran los gobiernos a ese dilema es contratar a un cazador de replicantes y eliminarlos. Por el contrario, el gobierno

japonés apuesta fuertemente por la robótica en el ámbito industrial y en el cuidado de personas mayores, debido a la catastrófica baja en la natalidad y al envejecimiento de su población; el 22% de los japoneses tiene más de 65 años.

Otra de las disyuntivas planteadas, como vimos, es si los robots deberían pagar impuestos cuando reemplazan a un ser humano en una tarea productiva. El Parlamento Europeo rechazó en 2019 el *Informe sobre Personas Electrónicas* impulsado por una comisión de ese cuerpo que pretendía que las máquinas inteligentes pagaran gravámenes a los sistemas de seguridad social. No obstante, el legislativo acepta que deben regularse los coches sin conductor, los aviones no tripulados, los robots cirujanos, las prótesis robóticas y las máquinas asistenciales para el cuidado de personas. Quizá la solución llegue a partir de nuevas investigaciones de los especialistas. Desde 2018, un grupo de

El científico y escritor Isaac Asimov fue el
primero en difundir las leyes éticas de la
robótica que adoptó el Parlamento Europeo.

científicos de la Universidad de Manchester, en el Reino Unido,
trabaja en un robot molecular cuyo tamaño se mide en nanómetros (la millonésima parte de 1 mm). Las capacidades de estos
minirrobots están todavía en estudio pero podrían desarrollar
tareas tan disímiles como reparar máquinas más grandes, sobre
todo un coche o un avión sin conductor, acelerar las reacciones
del vehículo y evitar accidentes.

LAS PROPUESTAS ÉTICAS DE LA UE

El narrador Isaac Asimov (1920-1992), el famoso autor de *Yo, robot*, difundió
en 1942 las tres leyes fundamentales de la robótica: 1) un robot no hará daño
a un ser humano o no permitirá que un ser humano sufra daños por inacción;
2) un robot debe obedecer las órdenes dadas por los seres humanos, excepto
si estas órdenes entrasen en conflicto con la primera ley; 3) un robot debe
proteger su propia existencia en la medida en que esta protección no entre en
conflicto con la primera o segunda ley.

Posteriormente, Asimov incorporó una ley 0, la cual generó muchas polémicas:
«Un robot no puede realizar ninguna acción, ni por inacción permitir que nadie
la realice, que resulte perjudicial para la humanidad, aun cuando ello entre en
conflicto con las otras tres leyes». En 1985, el escritor nacido en Rusia publicó
Robots e imperio, un relato en el que uno de los robots se ve obligado a herir a
un ser humano por el bien del resto. Este comportamiento implicaba una ruptura
con la ley 1, pero además suponía una humanización de las máquinas, según el
autor. Muchos se preguntaron entonces: ¿el robot será una especie de policía o
gendarme de las conductas en la idea de Asimov?

Una comisión del Parlamento Europeo decidió engrosar las ideas de Asimov para
regular la convivencia entre seres humanos y robots. Si bien estas normas no
pasaron todavía el filtro de la Comisión Europea, su principal objetivo es reducir
el impacto de la implantación de máquinas en los lugares de trabajo.

La principal regulación propuesta fue que los robots tuvieran un interruptor de
emergencia, de modo que, ante cualquier situación de peligro, pueda ser apagado.
Pero el debate más interesante es que sean considerados, de ser aprobada la
regulación, «personas electrónicas», lo que abriría la puerta legal para que paguen
impuestos y asuman consecuencias penales, junto con sus creadores. La discusión,
se estima, tendrá un largo camino por delante.

EL FUTURO YA LLEGÓ

Hacia la integración del ser humano y la máquina

La automatización industrial y la robótica parecen ser sinónimos pero mantienen diferencias importantes. Son tecnologías usadas en distintas áreas, como la producción de manufacturas, la exploración espacial y la cirugía médica, donde el futuro llegó hace rato.

La robótica aplicada en la industria mejoró notablemente la automatización de las fábricas.

LA ROBÓTICA EN LA INDUSTRIA

Los conceptos de automatización industrial y de robótica industrial son usados a veces para referirse a una misma idea: un grupo de tecnologías que ejecutan y monitorean procesos a través de aparatos, dispositivos computarizados y máquinas complejas que en conjunto fabrican un producto automáticamente o cumplen una labor reduciendo la intervención humana al mínimo. Sin embargo, son dos concepciones distintas. ¿En qué se diferencian? La automatización industrial consiste, como en las viejas cadenas de montaje, en una o varias máquinas, cada una de las cuales cumple una o más operaciones. En este sentido, se asemeja al

obrero especializado del filme *Tiempos modernos* que apretaba tuercas durante ocho horas y ocasionalmente ponía grasa en los engra-
najes. En cambio, la robótica –mucho más sofisticada– puede mezclar y cambiar secuencias de sus maniobras para beneficio del sistema. Cuando los artilugios inventados y programados por los
seres humanos reciben retroalimentación sensorial por computación, logran modificar el encadenamiento de movimientos de
forma automática y mejorar los resultados. Esto quiere decir que
algunas máquinas son relativamente rígidas y siempre hacen las
mismas tareas, mientras que las robotizadas son intrínsecamente
más flexibles inclusive cada vez más capaces de aprender de sus
errores y de entender su entorno.

Los grados de desplazamiento también son incomparables. Las máquinas automatizadas están programadas para ejecutar determinado tipo de operaciones, como recoger una pieza y colocarla en el producto, enlatar, sellar una etiqueta, etc. Una vez programada, esa máquina no puede cambiar su funcionamiento hasta que los especialistas decidan una nueva programación. En contraste, las robotizadas son más complejas, ya que modifican sus operaciones según las necesidades de producción y cumplen con varias tareas porque tienen la capacidad de alternar sus movimientos. Ambos modelos de artilugio reaccionan a los estímulos de la cadena de producción, pero solo los robots son más capaces de atender imprevistos que les marca el entorno gracias a su «cerebro»: la computadora. Por ejemplo, cuando un objeto bloquea una cadena de montaje, la máquina automatizada seguirá ejecutando la misma operación hasta ser detenida, aun a riesgo de trabarse, mientras que el robot moderno debería estar preparado para detenerse por sí mismo y/o cambiar sus operaciones para adaptarse a una situación diferente. Incluso puede estar preparado para quitar el objeto del medio. En este sentido, es de suma importancia la programación de inteligencia artificial, dado que, cada vez más, la máquina robotizada recoge datos del entorno y aplica ese conocimiento para funcionar mejor.

Las máquinas automatizadas clásicas son incapaces de tomar conocimientos del entorno, son en esencia mecánicas. Es por eso que, en general, realizan un trabajo repetitivo de movimientos simples, y son en general más eficientes que los seres humanos. En tanto, para sustituir el trabajo de los seres humanos, la robótica diseña máquinas o androides capaces de efectuar tareas humanas que necesiten tomas de decisiones frente a situaciones cambiantes y la aplicación de cierta lógica.

La robótica diseña máquinas o androides capaces de efectuar tareas humanas que necesiten tomas de decisiones frente a situaciones cambiantes y la aplicación de cierta lógica.

El Instituto de Ingeniería Eléctrica y Electrónica (Institute of Electrical and Electronic Engineers o IEEE), una asociación mundial dedicada a la normalización y el desarrollo de las áreas técnicas, señala tres diferencias sustanciales entre la automatización y la robotización:

- La primera trabaja en un ambiente estructurado mientras que la segunda lo hace en un ambiente no estructurado.
- La primera ofrece confiabilidad mecánica y la segunda, adaptabilidad.
- La primera es eficiente en tanto que la segunda sirve para operaciones exploratorias.

De acuerdo con esta entidad, la robótica se focaliza en sistemas que incorporan sensores y actuadores que operan de manera autónoma o semiautónoma con la cooperación de seres humanos. Asimismo, se centra en la viabilidad, es decir, en pruebas que demuestran si puede tener una nueva funcionalidad. Así se llegó a que los robots consiguieran caminar, manejar vehículos y aviones o efectuar una tarea médica quirúrgica. La cualidad clave del robot es la capacidad de adaptarse a ambientes parcialmente estructurados o directamente no estructurados, por lo cual son usados en la exploración espacial o en cirugías laparoscópicas, una técnica mediante la cual se insertan tubos cortos y delgados llamados *trócares* en el abdomen para realizar curaciones y operaciones. En tanto, las investigaciones en automatización hacen hincapié en la eficiencia, la productividad y el control de calidad.

Hay un tercer concepto que todavía no es aplicado a la industria pero que está en un período de investigación avanzado: los nanorrobótica. Los científicos analizan en la actualidad prototipos de minirrobots que trabajan con reacciones químicas y pueden cumplir labores programadas como un software de computadora. Según estimaciones de los técnicos, estos pequeños familiares de los robots evitarán que los vehículos deban ser trasladados a los talleres mecánicos para reparaciones simples.

La empresa de origen británico Rolls Royce, junto con las universidades de Harvard (Estados Unidos) y Nottingham

Dibujo computarizado de un prototipo de nanorrobot que podrá ser usado en las industrias automotrices.

(Reino Unido), desarrolló en 2019 unos minirrobots denominados *swarms* (en español, enjambres) que tienen como objetivo futuro el mantenimiento de los motores de coches y aviones. Cada *swarm* mide un centímetro de diámetro y pesa un gramo y medio, y se espera que sean capaces de llevar a cabo una inspección visual en tiempo real de las zonas de difícil acceso de los motores. Para eso, cuentan con pequeñas cámaras que transmiten imágenes a una computadora supervisada por un operador humano y cuatro patas que les permiten desplazarse de forma horizontal y vertical. Si bien están en una fase de desarrollo, los científicos ya trabajan para fabricar modelos más pequeños y eficientes, con el fin de moderar los costos de creación. Prometen que, en el futuro, los vehículos que tengan *swarms* podrán realizar en cinco minutos tareas de reparación que en un taller mecánico demandarían varias horas.

90

LOS MINIRROBOTS MOLECULARES

En 2018, un grupo de científicos de la Universidad de Manchester, en el Reino Unido, logró crear el primer robot molecular, cuyo tamaño escapa a nuestra imaginación. Cada uno de estos «pequeños» está compuesto por 150 átomos de carbono, hidrógeno, oxígeno y nitrógeno. Los investigadores señalan que habría que agrupar millones de estos robots para alcanzar el tamaño de un grano de arena, ya que su diámetro se mide en nanómetros. En su etapa experimental, los robots pueden construir y cargar moléculas con un brazo articulado que funciona mediante reacciones químicas preparadas por los científicos. Además, tienen la capacidad de ser programados y controlados para realizar labores básicas, como si fuese el software de una computadora. El director de la investigación en la Escuela de Química de Manchester, David Leigh (1963), dijo a la prensa especializada que el prototipo de robot que construyeron «es literalmente molecular, construido con átomos al igual que alguien puede construir algo muy simple con piezas de Lego». La robótica molecular es lo último en miniaturización de maquinarias. Los expertos calculan que los nanorrobots empezarán a utilizarse en las cadenas de montaje de las fábricas para manufacturar materiales.

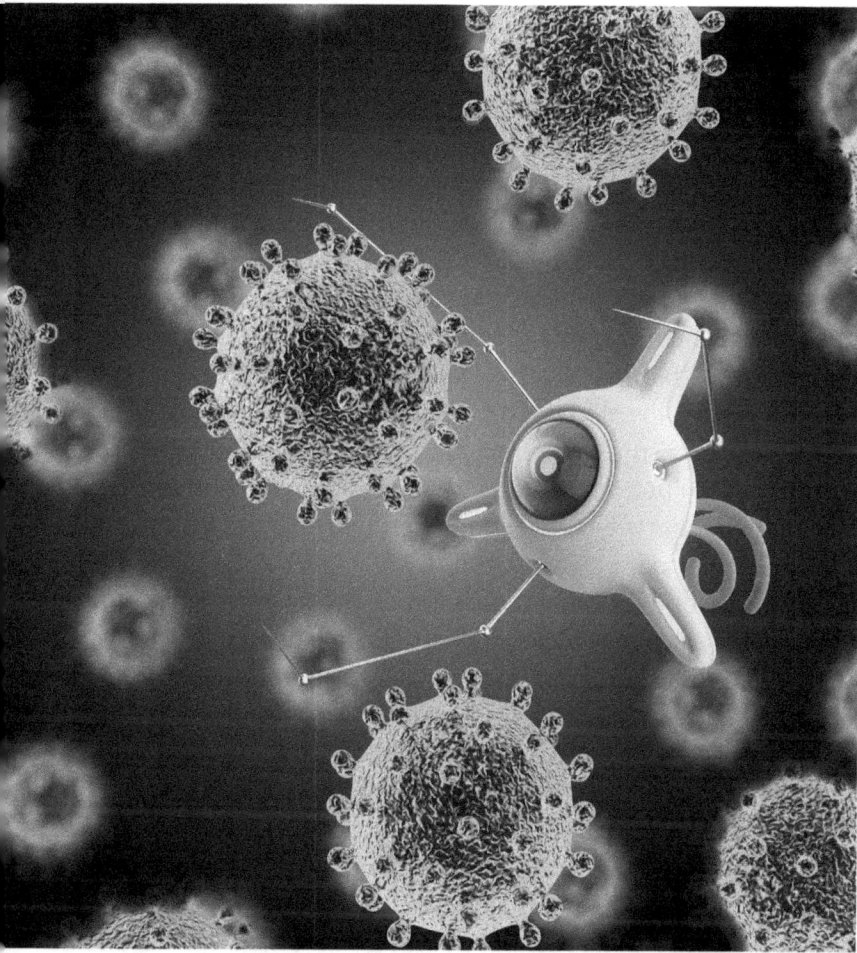

Otros equipos de investigación europeos empezaron a diseñar nanorrobots y nanomáquinas dirigidos a distancia, que se especializan en un movimiento específico y en una función predeterminada. El paso siguiente, según los especialistas, se dará cuando los nanorrobots puedan portar «conexiones sinápticas» (como las implicadas en la comunicación y el traslado de información entre células neuronales humanas) desde y hacia una computadora. Esto servirá, por ejemplo, para que los nanorrobots de un automóvil reciban notificaciones en tiempo real en función de las necesidades del vehículo. Este «material inteligente» podría disminuir, llegado el caso, los accidentes de tránsito.

LOS CAMPOS DE APLICACIÓN

Cuando hablamos de automatización industrial o de robótica, lo primero que nos viene a la mente como campo de aplicación es la industria automotriz. No solo porque la primera cadena de montaje completa fue inaugurada por Henry Ford en 1908, sino también porque gran parte de las gigafactorías de Europa y Estados Unidos se dedican a construir automóviles, aviones y transbordadores espaciales. Por ejemplo, la factoría automática más grande de Europa es la planta Volkswagen de Wolfsburgo, que fabrica 750.000 vehículos al año: con una cadena de montaje de 1,5 km de largo, y una superficie de 7 km², tiene capacidad para producir 190 coches por hora. A su vez, la más grande del mundo es la Boeing de Everett, y la más grande en una sola planta es la de la NASA, en Florida, Estados Unidos.

92 Es cierto que la manufacturación de coches es el ejemplo más práctico de la automatización industrial. Sin embargo, existen otros rubros que comenzaron a utilizar la mecanización hace varias décadas y lograron desarrollos más o menos continuos desde entonces, con la aplicación de la robótica. Uno de los sectores que más progresaron en este sentido es la industria farmacéutica, y lo hizo a partir de la automatización del proceso que coloca un número determinado de pastillas o cápsulas con medicamentos en blísteres, ubica los blísteres en cajas, los embala y finalmente etiqueta las cajas. Esa línea de montaje utiliza células de trabajo autónomas, cada una de las cuales cumple una tarea delimitada, monitoreada por un controlador humano. Otra rama de la industria que se actualizó es la de inyección de plástico, con robots que extraen las piezas de los moldes sin necesidad de que estas se enfríen del todo, como sucedía cuando era una tarea realizada por operarios.

Las nuevas centrales eléctricas automatizadas tienen mejores sistemas de distribución de energía y una infraestructura más estable, que disminuye notablemente los peligros de cortes de suministro. El sistema tiene un compensador computarizado de energía con el cual, si se produce una disminución del fluido generado por una central en una zona, se compensa potenciando inteligentemente la energía que suministra otra central de

Las centrales eléctricas automatizadas lograron racionalizar el consumo de energías no renovables.

la red interconectada. Se denomina «baja de tensión controlada». Funciona con determinado nivel de fluctuaciones de las centrales generadoras en red y detecta con rapidez dónde se originó el problema. Las centrales de energía moderna trabajan con una conectividad muy superior a la de los viejos cables eléctricos: distribuyen la energía, lo que permite alcanzar mayor eficiencia tanto en el momento de consumir luz como en el de los apagones.

La racionalización del consumo eléctrico es importante. En lugares como Europa, solo el 32% de la energía consumida procede de fuentes renovables (energías solar y eólica): los viejos cables de transmisión perdían un 14% de la energía durante la distribución. Esta modernización de las redes energéticas ha impulsado indirectamente la producción masiva de coches eléctricos y estaciones de recarga rápida.

La gigafactoría automatizada más grande de Europa: la planta de Volkswagen en Wolfsburgo, Alemania.

El *platooning* faculta la construcción
de una autovía automática para que
los vehículos pesados marchen a una
velocidad constante en autopistas o rutas.

Otro de los sectores que se lanzaron a automatizar su producción es la minería. Si bien todavía se emplean operarios en el proceso de extracción de metales –sobre todo en países de América Latina y África–, los seres humanos fueron paulatinamente sustituidos por máquinas en los túneles, lugares donde suelen producirse los accidentes fatales. La minería automatizada trabaja con dos tipos de tecnologías: la automatización de procesos extractivos controlados por computadores y software específico, y la aplicación de robótica para los vehículos y equipos de extractores de metales que operan en el túnel de la mina.

Una de las aplicaciones más novedosas de la automatización industrial es el denominado *platooning* o trenes de carretera, la construcción de una autovía automática. Esta tecnología reduce las distancias entre los vehículos que marchan sobre una ruta o autopista, con dispositivos mecánicos y electrónicos llamados «enganches». De esa manera, permite que los vehículos «enganchados» puedan acelerar y frenar sincrónicamente, eliminando la distancia de reacción necesaria para los seres humanos. El *platooning* faculta que una mayor cantidad de vehículos marchen por las carreteras a una velocidad constante, disminuyendo las posibilidades de atascos, despistes o choques. Los prototipos de coches que incluyen inteligencia artificial podrán ingresar o abandonar el conglomerado de vehículos (o *platoons*) en el instante que les convenga.

Sin dudas, la utilización más controversial de estas tecnologías se da en el área de la seguridad pública. La Policía estatal de Massachusetts, Estados Unidos, realizó en 2019 pruebas en las calles con perros robóticos controlados por agentes. El modelo, llamado Spot, fue creado por la compañía Boston Dynamics y parece salido de un filme de ciencia ficción de Hollywood. *RoboCop* (1987) versaba sobre un robot de tipo androide indestructible que luchaba contra el crimen en las calles. De la misma forma, el perro Spot ha sido utilizado en varios incidentes de la vida

Los perros-robot de la Policía de Boston realizan tareas potencialmente peligrosas, como la desactivación de bombas o la extinción de incendios, y de vigilancia.

LA INDUSTRIA PETROLERA TAMBIÉN SE AUTOMATIZA

La refinería de petróleo más grande y automatizada del mundo es, según los especialistas, Reliance Oil, ubicada en Jamnagar, India. Cuenta con un depósito de almacenaje principal de 145.000 m³. Con una inversión total en construcción y mecanización de la producción de 4.600 millones de euros, Reliance procesa 60 millones de toneladas de petróleo al año que en sus refinerías se convierten en 17 diferentes tipos de gasolina, lubricantes y plásticos. Tiene 82 depósitos y plantas. Los ductos de combustibles —su cadena de producción— ocupan 30 km², equivalente a la mitad de la isla de Manhattan, en Nueva York. Sin embargo, pese a su alta automatización industrial, la empresa cuenta con 15.000 empleados, muchos de los cuales ocupan puestos de control de calidad o son los encargados de bajar el producto de los barcos petroleros y trasladarlo por ductos mecánicos hasta los depósitos de almacenaje de crudo.

real, como atención a víctimas y visualización de sospechosos, aunque hasta el momento no puede actuar ni portar armas. La Unión Estadounidense por las Libertades Civiles (American Civil Liberties Union o ACLU) reclamó detalles sobre su utilización y planteó interrogantes acerca de si los perros-robot pueden abrir puertas y entrar en edificios. En este sentido, los activistas pidieron «la mayor transparencia» en el uso de robots de seguridad y que se anuncie a la población de qué modo serán utilizados, como así también qué capacitación tienen los agentes de policía que los acompañan. Se descuenta que no emplearán armas de fuego, pero los perros-robot pueden constituir una amenaza en la vía pública si no son supervisados de manera adecuada. Funcionarios de la Policía de Massachusetts aseguran que los perros Spot son usados únicamente como dispositivos móviles de observación remota, para examinar artefactos sospechosos como explosivos o lugares que podrían ser potencialmente peligrosos para los policías. Spot maniobrará con policías humanos en incendios o en compañía de la brigada antibombas. «La tecnología robótica es una

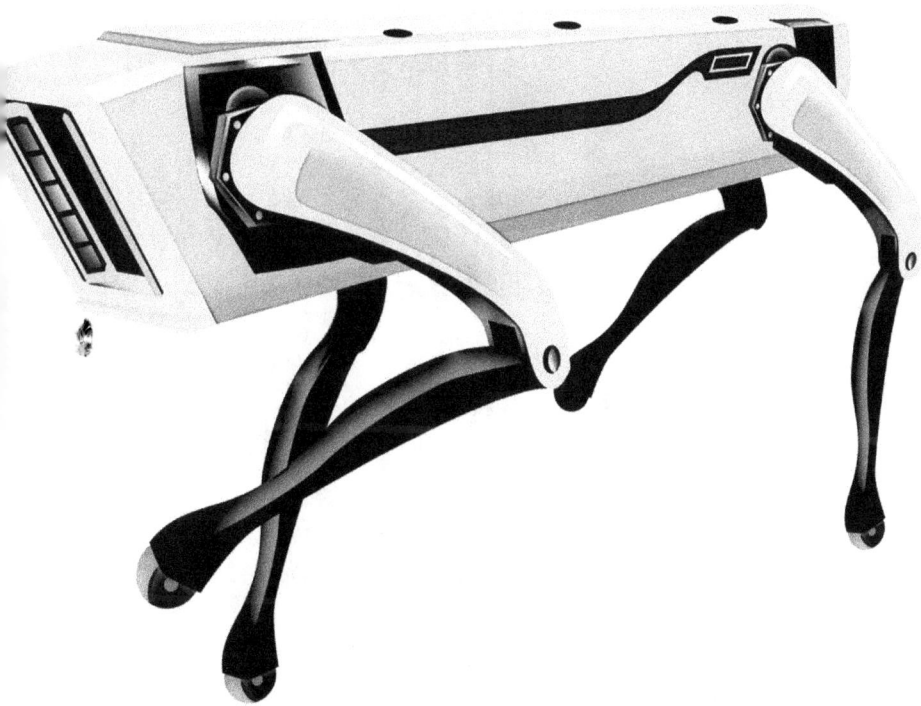

99

valiosa herramienta para los cuerpos de seguridad, por su habilidad para proveer conocimiento circunstancial de entornos potencialmente peligrosos», declaró a la prensa David Procopio, vocero de la Policía. Pero ¿qué pasaría si los futuros Spot estuvieran armados? ¿Podríamos ver en el futuro ejércitos de androides como en el filme *Star Wars*? Una vez más, la tecnología termina superando con su velocidad a la ciencia ficción.

CAMBIOS EN LOS PARADIGMAS DEL CONOCIMIENTO

El desarrollo irrefrenable de las tecnologías dejó unas cuantas secuelas no deseadas en el campo laboral y social. Muchas industrias redujeron dramáticamente la cantidad de puestos de trabajo al recurrir a máquinas automáticas y robots. O con ingenieros humanos altamente capacitados que hacen con una computadora la misma tarea que antes realizaban decenas de operarios. Del

Uno de los puestos de trabajo que desaparecieron con la automatización industrial fue el de los ascensoristas.

El trabajador fabril del futuro será
el ingeniero altamente capacitado
en automatización y computación.

mismo modo, las escuelas secundarias, las preparatorias y las universidades debieron «*aggiornar*» sus planes de estudio y sus prácticas, dado que las enseñanzas técnicas e industriales que se conocían a fines del siglo xx quedaron totalmente desactualizadas en la década de 2010. Científicos e investigadores de la Universidad de Harvard, Estados Unidos, llevaron a cabo en 2016 un estudio que señala que al menos 270 profesiones fueron afectadas por la automatización industrial, aunque muy pocas caducaron. Entre las tareas que desaparecieron están, por ejemplo, la de los ascensoristas que manejaban elevadores mecánicos, los empleados de correo y de empresas informativas que se dedicaban a transmitir información por máquinas punto a punto, llamadas teletipos, y algunas otras relacionadas con el auge de la computación y la inteligencia artificial: los que «tipiaban» materiales en máquinas de escribir o los coches con comunicación «woki-toki» que usaban las compañías periodísticas para cubrir sucesos en la calle. La computadora personal, los teléfonos inteligentes y las tabletas demolieron esas profesiones.

La mayoría de los empleos industriales se resintió con la automatización industrial, la robotización y la computación inteligente, pero no se esfumó. Los trabajadores, en muchos casos, debieron ser reeducados y adaptados a otras tareas. Durante la revolución tecnológica coreana de las últimas tres décadas, las empresas redujeron las jornadas laborales de sus empleados, pero no para que descansaran más sino para que tomaran cursos de capacitación. Aquellos que no alcanzaban las nuevas metas de conocimiento fueron trasladados al área de limpieza o a tareas similares sin cualificación, y en pocos casos fueron despedidos, salvo que estuvieran en edad de retirarse.

El arquetipo del trabajador industrial del futuro no será el operario con pequeñas capacidades técnicas que efectuaba tareas repetitivas, sino seres humanos altamente capacitados en alguna de las ramas de la ingeniería. Los puestos de trabajo en el área industrial serán para personas que se adapten a los cambios, se reeduquen y acepten que las nuevas tecnologías ya están entre nosotros y no hay vuelta atrás.

103

EL FUNCIONAMIENTO DE UNA INDUSTRIA AUTOMATIZADA

¿Cómo trabajan las máquinas en la vida real?

Las industrias modernas se nutren de máquinas simples para tareas repetitivas, de robots para labores complejas y de robots con mayor desarrollo para trabajos específicos que requieren precisión o capacidades especiales. Su funcionamiento en conjunto aún genera numerosas dudas en amplios sectores de la población.

El robot ASIMO realiza casi todos
los movimientos de la locomoción
bípeda y ayuda a personas con
dificultades motrices.

NO TODOS LOS ROBOTS SON IGUALES

El término *robot* proviene de la palabra checa *robota* (traducida en español como «trabajo forzado»), cuyo concepto fue acuñado por el escritor checo Karel Čapek (1890-1938). La mayoría de los robots están diseñados para realizar trabajos pesados, repetitivos, difíciles y peligrosos para los operarios humanos. Además, estas máquinas están destinadas a labores repetitivas durante horas, sin necesidad de hacer pausas. Pero hablar de robots como un genérico es errado, ya que hay muchos tipos y variedades.

La función de los robots industriales depende del tipo de actividad a la cual sean destinados. Uno de los modelos más comunes es el almacenador y descargador de los materiales y las herramientas de trabajo. Cuando trabajan en una cadena de montaje, tienen la ventaja de cumplir diferentes operaciones de simplificación simultánea gracias a sus sistemas programables. Asimismo, son útiles para labores de inspección industrial, ya que tienen acceso a lugares imposibles para las personas, como el brazo robótico de la acería Posco, que mide la temperatura del acero derretido. Para lograrlo, estos robots industriales están compuestos de sensores que garantizan el movimiento correcto.

En contraste, los robots especializados pueden efectuar tareas mucho más complejas y delicadas, como la manipulación de alimentos. Estas maquinarias se emplean para el acabado del producto, el envasado y el sellado de etiquetas. Por su precisión, son comparables a los brazos de las personas. Lo que se llama «hombro de la máquina» está montado en una estructura que consigue pivotar de seis modos diferentes, lo cual le otorga una gran movilidad.

Finalmente, el máximo grado de desarrollo se da con los robots humanoides o androides, que son antropomorfos, imitan

la apariencia humana (o, en algunos casos, de personajes de cómic) y emulan aspectos de su conducta de manera automatizada. A los robots de apariencia femenina se los llama ocasionalmente «ginoides», como en la literatura de ciencia ficción. Los androides tienen ventajas para cumplir algunas funciones en la industria hotelera o de servicios. Uno de los ejemplos más conocidos es el robot ASIMO, de la empresa japonesa Honda, capaz de marchar sobre dos pies o subir y bajar escaleras, entre otras proezas de locomoción. Este androide cumple con la tarea de ayudar a personas con problemas de movilidad.

UN EJEMPLO DE LA ROBOTIZACIÓN INDUSTRIAL EN EUROPA

La compañía Kraft Heinz es la procesadora automática de alimentos más grande de Europa, con dos gigafactorías en Elst (Países Bajos) y Kitt Green, un suburbio de la ciudad de Wigan (Reino Unido). Esta última planta ocupa 226.175 m², y allí se producen 500.000 latas de comida durante cada turno laboral de 6 horas, lo que la convierte en la industria que procesa más toneladas por metro cuadrado en el sector alimentario. La compañía se especializa en alubias o frijoles cocidos, papillas para bebés, diferentes tipos de pasta en lata y flanes. Su gran productividad está relacionada con el uso de distintos modelos de robots industriales

Trabajadores de Heinz realizan el
control de calidad de los productos.

que realizan casi todo el trabajo, desde la mezcla y preparación
de los alimentos, en el inicio de la cadena de montaje, hasta el
enlatado y sellado de las etiquetas, en la etapa final. Este tipo de
automatización encadenada le permite, en caso de ser necesario, envasar 2 millones de unidades por día, que se obtienen de
415.000 toneladas de materia prima.

Cada tipo de alimento es procesado de forma diferente. En el
caso de las alubias, el producto ya mezclado es volcado por una
máquina en latas, que continúan su camino por una cinta de montaje hasta el siguiente paso. Allí, un brazo robótico se encarga
de sellar las tapas de las latas a la velocidad de 13 unidades por
segundo. Una vez que está terminado el recipiente, la comida es
cocinada dentro de la lata por una máquina de agua caliente a temperatura de ebullición. Finalmente, se enfrían las alubias en otro
mecanismo automático y pasan por la máquina de etiquetado, que
les brinda su aspecto final antes de viajar directamente a la última
escala, donde las latas se empaquetan en cajas.

En lo que se refiere al control de calidad, Kraft Heinz instaló un
robot con tecnología láser que detecta el color y la dimensión de
las alubias. De esa manera, las latas contienen alubias del mismo
color y de un tamaño normalizado. Pero el testeo de los productos
y los controles de calidad de las latas ya fabricadas son efectua-
dos aún por trabajadores. Al fin y al cabo, algunos la consideran la
última línea de defensa que tienen los consumidores para que los
alimentos en mal estado o mal terminados no sean distribuidos.

Gran parte de los 1.350 empleados que tiene la compañía se
dedican a tomar muestras de las toneladas de comida que proce-
san por día y dan el visto bueno a cada partida. En caso de alguna
falla, como acidez en la salsa de tomates de la pasta o demasiada
condimentación, ellos son quienes deciden que esa partida no
sea enlatada. En ese caso, los alimentos se trituran y reprocesan
como comida para animales.

EL PARAÍSO DE LOS ROBOTS

Japón se convirtió, en las dos primeras décadas del siglo XX, en una suerte de imperio de los robots gracias al apoyo del gobierno y, en gran parte, al potencial de la industria automotriz. Los problemas poblacionales del país asiático, con una tasa de envejecimiento altísima, y las duras restricciones migratorias (solo el 2% de la población es extranjera) llevaron a las distintas administraciones a desarrollar una política industrial intensiva, en la que las máquinas suplantan la falta de operarios. El programa se puso en marcha inicialmente en el área militar, pero luego quedó también incluido en el ámbito civil. El profesor de Historia Económica de la Universidad de Tokio Tetsuji Okazaki asegura que el gobierno japonés comenzó a promover la industria de forma muy activa en la década de 1950, ofreciendo préstamos con intereses muy bajos y exenciones fiscales a las compañías que invirtieran e investigaran. Veinte años después, las empresas de automóviles se convirtieron en la punta de lanza de la fabricación de máquinas y robots para mejorar su propia productividad. Compañías

110

EL HOTEL ROBOTIZADO DE NAGASAKI

En 2015, la prefectura (provincia) de Nagasaki inauguró el primer hospedaje totalmente robotizado del mundo, el Henn-na Hotel, cuyo nombre se podría traducir en español como «Hotel Extraño». Su particularidad más asombrosa es que todos los empleados son androides, desde el conserje hasta los botones. Cada robot está caracterizado como un personaje de *animé* japonés. Para un occidental puede parecer exótico, pero en la cultura nipona es algo normal que humanoides de sorprendente realismo cumplan labores que antes realizaban los seres humanos. Un simpático dinosaurio recibe a los turistas y una hermosa japonesa, parecida a una princesa de cuento de hadas, los saluda en varios idiomas que reconoce con una sonrisa desde el otro lado del mostrador. Sin dudas, la estrella del complejo es Churi-chan, un robot inspirado en un Pokémon rosado con tres corazones en la frente, que vive en las mesitas de luz de las 72 habitaciones del hotel y funciona como asistente virtual del pasajero. Cambia la intensidad de las luces, ajusta la temperatura de la habitación y anuncia el pronóstico del tiempo. Como la tecnología puede fallar, detrás de escena, donde los turistas no ven, un grupo de 10 personas recorre continuamente los pasillos y analiza las imágenes de las cámaras de seguridad para comprobar que todo funcione correctamente.

como Toyota, Mitsubishi, Nissan y Suzuki ingresaron a la industria de la robótica y se aliaron con empresas electrónicas como Panasonic, Sharp y Sony.

A partir de este desarrollo mancomunado, Japón comenzó a suplir la falta de mano de obra humana con máquinas. En 2018 había 315 robots por cada 10.000 empleados, una cantidad que sitúa al país en el segundo lugar a escala mundial, solo por debajo de Corea de Sur. En principio, esos aparatos inteligentes realizaban labores industriales en las cadenas de montaje, pero con el correr del tiempo se sumaron a las áreas de atención al cliente, a la medicina y el cuidado de personas mayores. Es que el gobierno, a través de su Ministerio de Economía, Comercio e Industria, apostó durante lo que va del siglo XXI a la robótica de servicios, por ejemplo, en las industrias hotelera y bancaria, donde hay conserjes automáticos que hablan una decena de lenguas y cajeros robots que nunca se equivocan al contar dinero. Los robots también son utilizados en desastres naturales como incendios, derrumbes, inundaciones y en catástrofes como la del 11 de marzo de 2011, en la central nuclear de Fukushima, donde un terremoto seguido de un *tsunami* destrozó una de las plantas energéticas atómicas más grandes del mundo. Las tareas paliativas y de reparación de la central nuclear fueron efectuadas por máquinas y robots, muchos de los cuales no estaban preparados para soportar una radiactividad tan intensa. Fue así como la central de Fukushima quedó convertida en un cementerio de máquinas.

Pese a su preeminencia en materia robótica, Japón encontró en la última década competidores muy desarrollados: las compañías norteamericanas y europeas que se dedican al campo de la inteligencia artificial. En la actualidad se espera que esas empresas pongan en funcionamiento prototipos de androides que cumplan tareas que hasta el momento eran exclusivas de los seres humanos. China, por su parte, invierte en los últimos años sumas de dinero exorbitantes para lograr competitividad en la materia: compra fábricas completas de robótica. Un ejemplo es KUKA, la fábrica de robots industriales más importante de Alemania, que desarrolla sus propios prototipos de última generación.

Recepción del Henn-na Hotel, en Nagasaki. El dinosaurio realiza el *check-in* de los pasajeros.

一路小心 欢迎再来！！

把您的房卡卡放这里
请个画面的时候，可以读卡，不着读就放卡。

ラグナシア観覧券お受け
スタッフカウンターへ

LAGUNASIA
GUIDE MAP

滞在のご案内
夏ラホテル

10%OFF

ご同行者様がいらっしゃる場合、こちらのカードを
ご記入の上、スタッフカウンターにご提出ください。
If client is anybody traveling with you,
please fill in the registration card and bring it to the staff counter.

【お部屋番号】は【レシート上部】に
記載されております

客室のご案内
1階
101～106 ▶
1階
◀ 108～141
2階
◀ 201～260

チパネルへ

ご精算
ンクアウト
eck-Out
看这里

GLOSARIO

Cadena de montaje. Forma de automatización industrial que delega a cada operario una función específica, como apretar una tuerca o colocar una pieza.

Competitividad comercial. Aptitud para ofrecer un producto masivo a un coste menor al de otras compañías del mismo rubro.

Ingeniería en Automatización. Básicamente, enseña la manera de integrar con armonía las tecnologías de vanguardia para aplicarlas en cualquier tipo de cadena de producción.

Inteligencia artificial. Mecanismos electrónicos o electromecánicos flexibles que perciben su entorno y realizan acciones que maximizan sus posibilidades de éxito en alguna tarea preestablecida por un programador.

114

Interfaz hombre-máquina. Ordenador conectado a una o varias pantallas, desde las cuales el personal observa el estado de producción y puede realizar variaciones en el proceso, como cambiar la temperatura o la presión, detener una máquina o cambiar su recorrido.

Mercadotecnia o *marketing*. Es la actividad de crear, comunicar, entregar e intercambiar ofertas de productos con algún valor para los clientes, consumidores y la sociedad en general.

Nanorrobot o robot molecular. Pequeño robot compuesto por 150 átomos de carbono, hidrógeno, oxígeno y nitrógeno. Puede construir y cargar moléculas mediante un brazo articulado que funciona a través de reacciones químicas. Tiene la capacidad de ser programado y controlado para realizar labores básicas, como si fuera el software de una computadora.

Robótica industrial. Tecnología que puede mezclar y cambiar secuencias de sus maniobras para beneficio del sistema de montaje. Recibe retroalimentación sensorial por computación y modifica el encadenamiento de movimientos de forma automática para mejorar los resultados.

SCADA (Supervisory Control and Data Acquisition). Es un concepto de programación que se utiliza para realizar software que permita controlar, a distancia y en tiempo real, los procesos de fabricación mediante señales continuas desde la computadora central hacia todos los mecanismos de la cadena de montaje.

Sistema de Control Distribuido. Compuesto por varios niveles de automatización. Consta de sensores y máquinas (Nivel de Campo), estaciones de automatización (Nivel de Control) y computadoras (Nivel de Supervisión, con control humano).

Tecnología Asistida por Computadora. Consiste en muchos sensores digitales que informan todo lo que sucede a lo largo de la cadena de producción mediante el envío de señales a una computadora en la red de diferentes niveles donde se controlan y se reasignan tareas.

BIBLIOGRAFÍA RECOMENDADA

○ AA. VV. **Mecanización y automatización de la industria**. En *The Man Made World: Engineering Concepts Curriculum Project*, Polytechnic Institute of Brooklyn, 1970 (en inglés).

○ Anónimo. **Cómo funciona en Japón el primer hotel atendido por robots**. Infobae.com [https://bit.ly/2unqgNw].

○ Anónimo. **¿Tienen que pagar impuestos los robots?** elPeriodico.com [https://bit.ly/36htuzF].

○ Corbin, Juan A. **Las 25 carreras universitarias con mayor demanda y futuro**. *Psicología y Mente* [https://bit.ly/2sKNFrR].

○ Discovery. **Los coches del futuro**. Biblioteca *Desafíos de la ingeniería*.

○ Discovery Channel. **Las fábricas más fascinantes del mundo**. 2018.

○ Dorf, Richard y Robert Bishop. **Sistemas de control moderno**. Pearson Educación, Madrid, 2005.

○ Federación Internacional de Robótica (IFR). **World Robotics Report 2019** [https://bit.ly/2TLEKS1].

○ Gillespie, Patrick. **Rise of the machines: Fear robots, not China or Mexico**. CNN Business (en inglés) [https://cnn.it/2sNnIrR].

○ IEEE. **What is automation?** 2012. [https://ieeexplore.ieee.org/stamp/stamp.jsp?arnumber=6104197]

○ Medina, José Luis y Josep Guadayol. **La automatización en la industria química**. Universitat Politècnica de Catalunya, 2010.

○ Ruiz, Marta Sofía. **El paraíso de los robots: Por qué Japón es la capital del imperio de las máquinas**. Eldiario.es [https://bit.ly/30H9Go4].

○ Smith, C. A. y A. B. Corripio. **Control automático de procesos**. Limusa, México, 1991.

○ Szklanny, Sergio y Carlos Behrends. **Sistemas digitales de control de procesos**. Editorial Control, Buenos Aires, 2006.

116

TÍTULOS DE LA COLECCIÓN

www.ingramcontent.com/pod-product-compliance
Lightning Source LLC
Chambersburg PA
CBHW071216200326
41519CB00018B/5552